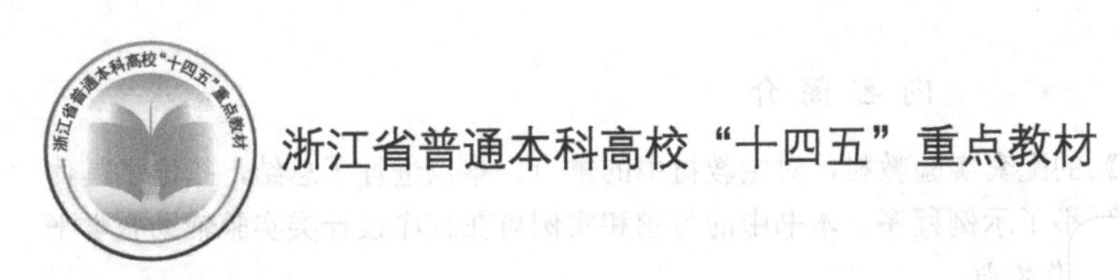

Python程序设计实践教程

张银南　魏　英　主编

電子工業出版社
Publishing House of Electronics Industry
北京·BEIJING

内 容 简 介

本书是《Python 程序设计教程》的配套实验教材，对主教材中的重点、难点进行了总结，指出了具体的学习要求，针对重点、难点内容列举了示例程序。本书中的习题和实例可在程序设计类实验辅助教学平台（PTA）上练习，并能自动判分，操作性强。

本书共分为三篇，第一篇是 Python 程序设计实验概述，主要包括 Python 程序设计实验的基本目的与要求、计算机程序设计的基本过程、问题求解、典型算法介绍；第二篇是基础实验，由 17 个实验组成，包括实验目的、知识要点、实例解析、实验内容等，主要训练学生的基本编程技能；第三篇是 Python 综合编程实例，实例有题目描述、题目分析、算法设计、程序代码、运行结果、思考与讨论、问题拓展等部分，结合趣味性算法，主要训练学生的综合编程能力。

本书内容丰富，实践性强，强调趣味性和实用性，可以作为各类高等院校 Python 程序设计课程的实验教材，也可以作为广大编程爱好者学习 Python 程序设计的参考书。

图书在版编目（CIP）数据

Python 程序设计实践教程/张银南，魏英主编. 一北京：电子工业出版社，2023.12
ISBN 978-7-121-46898-8

Ⅰ. ①P… Ⅱ. ①张… ②魏… Ⅲ. ①软件工具—程序设计—教材 Ⅳ. ①TP311.561

中国国家版本馆 CIP 数据核字（2023）第 246284 号

责任编辑：魏建波
印　　刷：三河市君旺印务有限公司
装　　订：三河市君旺印务有限公司
出版发行：电子工业出版社
　　　　　北京市海淀区万寿路 173 信箱　邮编：100036
开　　本：787×1092　1/16　印张：16　字数：409.6 千字
版　　次：2023 年 12 月第 1 版
印　　次：2025 年 1 月第 2 次印刷
定　　价：47.00 元

凡所购买电子工业出版社图书有缺损问题，请向购买书店调换。若书店售缺，请与本社发行部联系，联系及邮购电话：（010）88254888，88258888。
质量投诉请发邮件至 zlts@phei.com.cn，盗版侵权举报请发邮件至 dbqq@phei.com.cn。
本书咨询联系方式：（010）88254178 或 liujie@phei.com.cn。

前　言

在当今社会，人们的工作、生活都需要计算机的支持。以计算机为核心的信息技术飞速发展，新一代信息技术在国民经济和各行各业中的应用越来越广泛。近年来，随着大数据、云计算、物联网、人工智能等信息技术的发展和应用，Python 发挥着越来越重要的作用。

Python 语言简单易学、功能强大。在 Python 语言学习和教学的过程中，大家有一个共同体会：Python 语言虽然容易上手，具有开源、面向对象、第三方库众多等优点，但要学好并熟练应用于实际问题并非易事。

“Python 程序设计”是一门对动手能力要求很高的课程，读者不仅要掌握程序设计的理论知识，还要通过大量上机实践加强对理论知识的掌握，并且融会贯通，最终达到解决实际问题的目标。“知行合一、行胜于言”在“Python 程序设计”课程中体现得淋漓尽致。

在“Python 程序设计”课程的教学过程中，一些学生在听课或看书后觉得自己明白了，一旦做题，又感觉无从下手，这是因为缺少“自行分析问题→设计解题思路→编写代码”的实践环节。

根据近几年“Python 程序设计”课程的教学实践，并考虑到读者对 Python 语言学习的需求，本书编者在总结多年教学经验的基础上编写了本书。本书没有重复理论教材中已经讲述过的基础理论知识，而是对知识要点进行归纳总结。本书的实例解析包括必要的问题分析、算法设计、程序流程图、解题提示、思考与讨论等，以避免初学者走太多弯路或产生不必要的挫败感。本书的编程实例侧重于问题求解的思路和方法，帮助读者提高解决实际问题的编程能力。

本书重点培养学生的计算思维能力，使学生掌握利用计算机分析问题、解决问题的基本技能，满足专业研究与应用的需求。本书内容深入浅出、循序渐进，实践性强，强调趣味性和实用性；在巩固课程知识的同时兼顾知识拓展，在实践过程中做到举一反三、融会贯通，具有很好的启发性。

本书中的大多数实验及实例可以在程序设计类实验辅助教学平台（PTA）上进行在线练习和验证，读者可以充分利用课内、课外时间进行编程练习，发挥线上、线下学习的优势，创建丰富而友好的学习环境。

本书共分为三篇，第一篇是 Python 程序设计实验概述，主要包括 Python 程序设计实验的基本目的与要求、计算机程序设计的基本过程、问题求解、典型算法介绍；第二篇是基础实验，由 17 个实验组成，包括实验目的、知识要点、实例解析、实验内容等，主要训练学生的基本编程技能；第三篇是 Python 综合编程实例，实例有题目描述、题目分析、算法设计、程序代码、运行结果、思考与讨论、问题拓展等部分，结合趣味性算法，主要训练学生的综合编程能力。

此外，本书还收集了许多相关知识、算法介绍、较大型的案例等，并以拓展阅读的方式呈现，为读者提供继续学习、拓展能力的途径。

为了节省篇幅，本书以二维码的形式提供了一些实用的参考资料，如典型算法代码、Python 内置函数、Python 常用标准库等。

本书强调学以致用，专注于寻找解决问题的方法、分析程序本身的逻辑和算法，并落实教书育人的教学理念。本书得到了浙江科技学院 2022 年度课程思政教学研究项目“课程思政深度融入计算机基础课程教学的探索与实践”以及课程思政示范基层教学组织等的大力支持，在此表示感谢。本书的实例参考了程序设计类实验辅助教学平台（PTA）及网络资料，在此一并表示衷心的感谢！

本书由张银南、魏英主编，参与编写工作的是浙江科技学院信息与电子工程学院计算机基础教学部的教师，有楼宋江、马杨珲、龚婷、庄儿、朱梅、琚洁慧等。

虽然本书经多次讨论并反复修改，但限于编者水平，不当之处在所难免，谨请广大读者与专家批评指正。

编 者

2023 年 6 月

目　　录

第一篇　Python程序设计实验概述

第二篇　基础实验

第三篇　Python 综合编程实例

第一篇

Python程序设计实验概述

第 1 章　Python 程序设计实验的目的与要求

“熟读唐诗三百首，不会作诗也会吟”，相信很多读者都听说过这句话。其实，任何技能的学习都是从模仿开始的，培养编程能力当然也要从阅读大量示例程序入手。但是，仅仅能看懂示例程序距离真正掌握程序设计方法还有相当大的差距，只有自己动手编写和调试大量程序，才能最终实现这一目标。因此，学习 Python 程序设计必须十分重视实践环节，除了充分利用课内实验时间，最好能在课外多进行编程实践。

1.1　Python 程序设计实验的目的

Python 程序设计实验主要是为了帮助学生进一步理解教材和课堂中介绍的知识，掌握程序设计的基本技能，主要有以下几个方面。

（1）掌握常见问题的求解方法。随着编程技术的不断发展，许多常见问题的求解方法已经基本定型。读者今后要解决的实际问题往往由一些基本问题组合而成，因此必须熟练掌握各种常见问题的求解方法。

（2）掌握程序调试技术。程序不是“编”出来的，而是“调”出来的。在实际的软件开发过程中，程序调试是十分重要的步骤，因为程序错误是无法完全避免的，而且随着代码量的增加，出错的概率会成倍增长。程序调试技能更多依赖于编程者的实践经验积累。

（3）加深对语法规则的理解。要想使所编写的程序达到预期目标，必须遵循相应的语法规则。单凭记忆很难掌握枯燥、乏味的语法规则，只有通过大量的编程实践，才能逐步加深对语法规则的理解，并最终掌握程序设计方法。

（4）培养良好的编程习惯。风格良好的程序往往是清晰、易懂的，给程序的调试和维护带来很大的方便。适当添加注释、采用缩进格式书写代码、标识符见名知意、一行一句、用户界面友好等都是良好的习惯。

（5）熟悉 Python 程序的集成开发环境。目前，程序设计基本都是在某种集成开发环境（IDE，Integrated Development Environment）中进行的，选择一种主流的集成开发环境有利于读者今后的开发工作。本书主要介绍了 IDLE 集成开发环境，具体操作请参阅第二篇实验 0 中的内容。

1.2　Python 程序设计实验的基本要求

为了提高实验效果，实验过程中应处理好以下三个环节。

1. 实验前的准备工作

（1）回顾与本次实验有关的知识内容。

（2）根据实验内容，预先设计算法并编写主要代码。

（3）准备测试数据。

2. 实验中的测试工作

（1）不要只测试一组数据，应当考虑程序运行时可能出现的各种情况，使用不同的数据进行测试。

（2）面对出现的各种错误，不要灰心，这是初学者在编程过程中遇到的正常现象。

（3）尽量尝试自己解决问题，这样更有利于总结经验。

（4）请教师帮助分析错误时，注意总结分析错误原因，使自己今后再次面对同类问题时能举一反三。

3. 实验后的总结工作

（1）自我审查本次实验是否达到预期目标。

（2）认真整理实验报告，包括以下几部分。

① 实验目的和内容。

② 程序设计说明（程序结构、算法设计等）。

③ 经调试的正确源程序。

④ 程序的运行情况（对不同测试数据的运行结果）。

⑤ 分析程序调试过程中出现的主要错误。

⑥ 总结本次实验中掌握的程序设计方法和编程技巧。

1.3 程序的编写与测试

编写好的程序中可能会存在多种错误，因此需要进行认真、细致的测试。程序错误的类型主要有以下三种。

1. 语法错误

语法错误是指不遵循 Python 的语法结构引起的错误，例如括号不成对使用等。如果程序中出现语法错误，Python 会中断执行，返回错误信息。

常见的语法错误有以下三种。

（1）缺少某些必要的符号（冒号、括号等）。

（2）关键字拼写错误。

（3）缩进不正确。

语法错误的示例如下。

```
>>>print('Hello World)          #引号不成对使用
SyntaxError: EOL while scanning string literal
```

2. 语义错误

语义错误也称为逻辑错误，是指一个程序可以通过编译，没有抛出错误信息，但得到的结果是错误的，或者不是所期望的结果。这类错误可能是因为算法设计错误，也可能是因为算法正确而编写程序时出现差错。

常见的语义错误有以下三种。

（1）运算符优先级考虑不周。

（2）变量名使用不正确。

（3）语句块缩进层次不对。

例如，把关系运算符“==”写成赋值运算符“=”，系统无法检查出这种错误，只能通过不同的测试数据来检查程序中可能存在的逻辑错误。

语义错误的示例如下。

```
>>>a=4
>>>b=5
>>>ave=a+b/2                #正确的写法应该是(a+b)/2
>>>ave
6.5
```

3. 运行错误

运行错误是指运行时出现的错误，也叫作“异常”。

常见的运行错误有以下三种。

（1）除数为 0（ZeroDivisionError）。

（2）打开的文件不存在（FileNotFoundError）。

（3）导入的模块没被找到（ImportError）。

运行错误的示例如下。

```
>>>a=4
>>>b=0
>>>a/b
Traceback(most recent call last):
    File  " <pyshell#13> " ,line 1,in <module>
    a/b
ZeroDivisionError: division by zero
```

发现程序中存在错误时，需要对程序进行调试以确定出错位置。常用的调试方法包括：临时增加输出语句，将要观察的数据显示在屏幕上；设置断点，单步运行程序。

1.4 人才培养与课程学习建议

1. 人才培养

党的二十大报告明确提出：教育、科技、人才是全面建设社会主义现代化国家的基础性、战略性支撑。报告指出，我们要坚持教育优先发展、科技自立自强、人才引领驱动，加快建设教育强国、科技强国、人才强国，坚持为党育人、为国育才，全面提高人才自主培养质量，着力造就拔尖创新人才，聚天下英才而用之。

本书通过大量的分类、分层实验培养读者的计算思维能力，注重培养读者的应用能力，加大案例篇幅，丰富实训内容，使读者能综合利用所学知识分析问题、解决问题，培养富有时代特点的有担当、有作为的应用型、复合型新工科人才。

2. 新时代青年的使命担当

（1）从科技发展史来看，新时代青年要发扬斗争精神，增强斗争本领，坚持团结奋斗，依靠顽强斗争打开事业发展新天地，依靠团结奋斗不断创造新伟业、开创新辉煌；认识软件发展对国力的重要性，为实现中华民族伟大复兴而认真学习。

（2）新时代青年要增强民族自信心，应厚植爱国主义情怀，培养奋斗精神。

（3）当今世界，新一代信息技术已成为信息化社会不可或缺的基础设施，计算机软件开发和应用不再仅仅是程序员的专业技能，还将成为一种生活技能和基本素养。

新时代青年要提升自身的数字素养，要敢于思考、敢于创新、敢于标新立异，要想办法做新的、比别人强的东西。

3. 学习建议

怎样才能学好 Python 语言呢？最关键的一条是要实践。每学一点，就用到实际的程序中去，多用、多实践，水平就能不断提高。初学者要遵循“看一看、想一想、写一写、用一用”的思路，从“照猫画猫”到“照猫画虎”再到“学以致用”。下面介绍一些学习规范。

（1）养成良好的编程习惯，遵循以下步骤。

① 上机实践前构思程序设计思路，认真思考。注重认识问题、分析问题、解决问题的步骤和流程。

② 用心设计，遵循 Python 的编程规范，一丝不苟，哪怕是一个空格、符号。

③ 每次上机实践后及时总结，把没有搞清楚的问题记录下来，进行分析。

④ 多使用调试工具分析程序。

⑤ 注意错误信息的提示。

⑥ 经常使用帮助文档。

（2）阅读、借鉴别人设计好的程序。读者经常有这样的体会：看别人的代码时感觉很简单，自己编写代码就容易犯各种错误。如果遇到问题，通过已有的知识不能解决，则可以去后面的章节或其他资料中寻找。这样，编程水平才能不断提高。

（3）注重实践训练。“Python 程序设计”是一门对动手能力要求很高的课程，读者不仅要掌握程序设计的理论知识，还要通过大量的上机实践加强对理论知识的掌握，从融会贯通到实际应用，最终解决相关专业领域的实际问题。

做题练习时不能直接复制代码、提交、判题，而应该参考书中的实现步骤，自己做一遍。之后可以根据自己对知识点的理解，对实验内容进行练习。

“百闻不如一见，百看不如一试”，学习编程要注重实践，只有实践才能掌握人机交流的方法和技巧，体会调试程序的精髓，感受设计程序的乐趣。

（4）Python 语言虽然容易上手，并具有众多优点，但要学好并熟练应用于实际问题并非易事。学习的过程永远不可能一帆风顺，有乐趣同时必然有坎坷，读者要有非常强的耐心和实践精神，养成一丝不苟、刻苦钻研的工匠精神和求真务实的科学精神。

（5）注重培养团队协作精神。同学之间要相互讨论，培养团队协作精神和沟通交流能力，切实感受合作、责任、诚信等职业素养的内涵，打牢成长的思想根基。

第2章 问题求解与计算思维

日常工作、学习和生活中会遇到各种各样的问题，问题求解就是要找出解决问题的方法，并遵循一定的顺序步骤，得到问题的答案或达到最终目标。

计算机技术的发展和普及正在影响和改变着人们对世界的认识，也影响着人们的思维方式。以设计和构造为特征的“计算思维”被认为是除理论思维、实验思维之外，人类应该具有的第三种思维方式，成为人们认识计算机科学的新高度。计算思维是指运用计算机科学的基础概念去求解问题、设计系统并理解人类的行为，它代表着一种普遍的认识和一类普适的技能，是每个人的必备技能，不仅仅属于计算机科学家。计算思维应成为信息社会中每个人必须具备的基本技能。

本章将围绕计算思维的核心思维——逻辑思维、算法思维、问题求解策略、模式与归纳、抽象与建模、求解的评价，以及算法、数据结构、算法与程序等内容展开，为读者利用计算思维解决各领域的问题奠定基础。

引例：阿尔法围棋

阿尔法围棋（AlphaGo）是第一个击败人类职业围棋选手、第一个战胜围棋世界冠军的人工智能机器人，由DeepMind公司的创始人戴密斯•哈萨比斯领衔的团队开发。

2016年3月，AlphaGo与围棋世界冠军、职业九段棋手李世石进行围棋人机大战，以4:1的总比分获胜，如图2-1所示；2016年年末到2017年年初，AlphaGo在中国围棋类网站上与中、日、韩的数十位围棋高手进行快棋对决，连续60局胜利；2017年5月，在中国乌镇围棋峰会上，AlphaGo与排名世界第一的世界围棋冠军柯洁对战，以3:0的总比分获胜。围棋界公认AlphaGo的棋力已经超过人类职业围棋的顶尖水平。在GoRatings网站公布的世界职业围棋排名中，AlphaGo的等级分曾超过排名人类第一的棋手柯洁。

图2-1 李世石与AlphaGo的人机大战

2017年5月27日，在柯洁与AlphaGo进行人机大战之后，AlphaGo的开发团队宣布AlphaGo将不再参加围棋比赛。2017年10月18日，DeepMind公司公布了最强版阿尔法围棋，其代号是AlphaGo Zero。

AlphaGo是一款围棋人工智能程序，用到了很多新技术，包括很多算法（如神经网络、深度学习、蒙特卡洛树搜索法等)，包含了合理的问题抽象、精准的程序描述、自动化的机器实现，利用计算方法与工具解决问题。

人工智能在广义上可以看作解决问题的过程。因此，问题求解是人工智能的核心，要在给定条件下寻求一个能解决某类问题且能在有限步骤内完成的算法。

拓展阅读

2022 年年底，人工智能研究公司 OpenAI 开发的基于人工智能技术驱动的自然语言处理工具 ChatGPT 横空出世，让我们看到了互联网新时代的到来。作为被训练的语言模型，ChatGPT 可以模拟对话、回答问题、写论文、写小说、进行线上内容创作，还能根据聊天的上下文进行互动。人工智能作为新兴产业，具备赋能传统行业数字化转型的特征，将继续吸引更多关注。

ChatGPT 引发了一系列反应。随着 AI 成为一项通用目的技术，如何处理没有特定目的的人工智能系统一直是一个备受争论的话题。

大家可以多关注国内外人工智能技术和产品的发展和应用，了解最新的数字化趋势洞察、前沿科技应用、模式创新、优秀案例。

请扫描右侧二维码阅读关于人工智能的介绍。

拓展阅读：
Python 与人工智能

2.1 计算概述

计算案例——圆周率的计算

圆周率的计算是一个结合计算方法和计算工具的典型案例，从圆周率小数点后的几位、几百位到几十万亿位，跨越了 2000 多年。正是由于计算方法的不断改进以及计算工具的不断提高，圆周率的计算速度和精度取得了巨大提高。

1. 几何法时期：割圆术

最早计算圆周率的方法是割圆术。魏晋时期的数学家刘徽首创割圆术，为计算圆周率建立了严密的理论和完善的算法。所谓割圆术，就是不断倍增圆内接正多边形的边数，求出圆周率。刘徽从圆内接正 6 边形开始，每次都把边数加倍，直至圆内接正 96 边形，算得圆周率为 157/50（即 3.14）。后来，他在此基础上又计算出了圆内接正 3072 边形的面积，得到圆周率的近似值为 3927/1250（即 3.1416）。

南北朝时期的数学家祖冲之进一步求出了圆内接正 12288 边形和圆内接正 24576 边形的面积，得出 $3.1415926<\pi<3.1415927$。在之后的 800 年里，祖冲之计算出的圆周率是最准确的。

2. 解析法时期：无穷级数分析法

割圆术的烦琐计算促使人们探索新的计算方法，通过无穷乘积、无穷连分数、无穷级数等各种计算方法，圆周率的计算精度迅速增加。1706 年，英国数学家梅钦率先将圆周率突破百位。1948 年，英国的弗格森和美国的伦奇共同发表了 π 的 808 位小数值，成为人工计算圆周率的最高纪录。

【例 2-1】格里高利公式求圆周率

利用格里高利公式（$\frac{\pi}{4}\approx 1-\frac{1}{3}+\frac{1}{5}-\frac{1}{7}+\frac{1}{9}\cdots$）求圆周率。

注：具体程序请看第二篇实验 6 中的【实例 6-2】。

3. 计算机时期：蒙特卡罗法

计算机的出现使圆周率的计算速度和精度有了突飞猛进的发展。2011 年 10 月 16 日，日本长野县饭田市公司的职员近藤茂利用家用计算机将圆周率计算到小数点后 10 万亿位。

【例 2-2】蒙特卡罗法求圆周率

画一个圆的外接正方形，假设圆的半径是 1，那么圆的面积是π，外接正方形的面积是 4，如图 2-2 所示。任意产生正方形内的一个点，该点落在圆内的概率=圆面积/正方形面积，即 π/4。

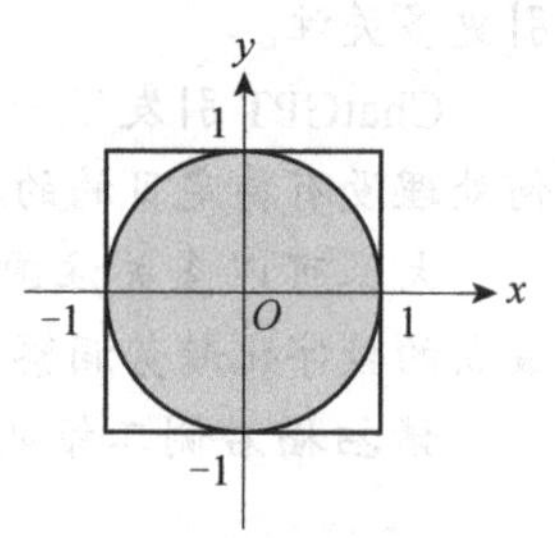

图 2-2 圆及其外接正方形

蒙特卡罗法利用了概率统计的思想，使用随机数来解决计算问题。随着实验次数增多，会出现概率收敛，计算值会更好地逼近精确解，这使求得的解是可以接受的。蒙特卡罗法在金融工程学、宏观经济学、计算物理学等领域中有着广泛的应用。

注：具体程序请看第二篇实验 3 中实验内容的第 12 题。

拓展阅读

中国是世界四大文明古国之一，在数千年的历史中，中华民族以不屈不挠的顽强意志、勇于探索的精神和卓越的聪明才智谱写了波澜壮阔的历史画卷，创造了同期世界历史上极其灿烂的物质文明与精神文明。《周髀算经》是中国最古老的天文学和数学著作，其在数学上的主要成就是介绍并证明了勾股定理。《九章算术》是中国古代无数数学家呕心沥血之作，标志着我国古代数学体系的初步形成。

请扫描右侧二维码阅读其他圆周率计算方法。

拓展阅读：其他圆周率计算方法

2.2 求解计算机问题

随着社会的发展与科技的进步，出于计算时间和复杂度等因素的考量，现实世界中的很多问题都需要借助计算机进行计算。

现代计算机的工作原理是存储程序和程序控制，也就是说，现代计算机只能对可计算性问题进行计算，但具体怎么计算，计算机却不知道，需要人来告诉计算机。

人与计算机的沟通方式是通过程序控制指令。

1. 计算机解题的特性

日常生活中有许多应用顺序流程的例子，炒菜时要根据一定的次序投放食材与调味品；

网络购物时要通过规定的步骤完成购物过程，如选择商品、填写数据、付款等；使用自动提款机进行交易时，需要依次完成插卡、输入密码、选择金融交易方式、输入金额等步骤。

当我们要解决的问题比较复杂时，可以将大问题分成几个较小的问题，再设计较小问题的解决方案。

计算机解题的特性是根据所设计的步骤按顺序执行，每次执行都会获得一致的结果。由于垂直式思维的推理结论具有正确性、系统性、普遍性，所以大部分步骤能转换成可以执行的步骤。

2. 计算机解题的应用

计算机解题的应用领域相当广泛，只要是计算机提供的服务，在其背后都可以发现计算机解题的过程。

计算机解题在各领域的应用实例有网络购物系统、电子商务系统、搜索引擎、医学工程系统、气象预测系统、校务行政系统、电子地图应用、各种数学计算问题等。

（1）科学计算。科学计算是计算机应用的一个重要领域，如高能物理、工程设计、地震预测、气象预报、航天技术等。同时，由于计算机具有很高的运算速度、精度及逻辑判断能力，出现了计算力学、计算物理、计算化学、生物控制等新学科。

（2）数据处理。数据处理是指通过计算机获取、加工、处理各种数据及数据可视化，提高管理效率，如管理信息系统（MIS）、物资需求计划（MRP）、企业资源计划（ERP）、制造执行系统（MES）、电子商务系统等。

（3）计算机辅助系统。计算机辅助系统包括计算机辅助设计（CAD）、计算机辅助工艺过程设计（CAPP）、计算机辅助制造（CAM）、计算机辅助教学（CAI）等。

（4）生产自动化。生产自动化包括工业流程控制、流水线控制、无人工厂等。

（5）人工智能。生产自动化包括人脸识别、药物研发、机器人、交通等场景应用。

（6）生活出行。网络信息资源的深层次利用和网络应用的日趋大众化正在改变着我们的工作方式和生活方式。

【例 2-3】电子地图规划路线

电子地图的路线规划功能是计算机解题的一个应用，计算机会根据用户输入的起点和终点规划可行的路线，还可以让用户选择交通方式（如自行车、公交车、驾车、步行等）。请以百度地图、高德地图等 App 为例，分析其求解过程。

【例 2-4】城市大脑和产业大脑

（1）“杭州城市大脑”是为城市生活打造的一个数字化界面。市民凭借它触摸城市脉搏、感受城市温度、享受城市服务，城市管理者通过它配置公共资源、作出科学决策、提高治理效能，包括警务、交通、文旅、健康等 11 个大系统和 48 个应用场景。

“杭州城市大脑”起步于 2016 年 4 月，以交通领域为突破口，开启了利用大数据改善城市交通的时代。

通过大数据、云计算、人工智能等手段推进城市治理现代化，大城市可以变得更“聪明”。各平台和系统的主屏幕均以数字驾驶舱的形式呈现，各平台的数字驾驶舱围绕经济、政治、文化、社会、生态的可视化内容展开。利用“城市大脑”网格化、协同化、应用化，能精准、整体、有效地回应城市公共治理需求。

（2）产业大脑是指以工业互联网为支撑，以数据资源为核心，运用新一代信息技术，综合集成产业链、供应链、资金链、创新链，融合企业侧和政府侧，贯通生产端与消费端，为企业的生产经营提供数字化赋能，为产业生态建设提供数字化服务，为经济治理提供数字化手段，着力推动质量变革、效率变革、动力变革。

产业大脑的本质是通过数据、算法、算力等技术赋能手段，对制造业进行全方位、全角度、全链条构建和数字化改造，从多个层面对产业进行智能化分析，推动产业实现智能化转型与发展。

请思考大数据、人工智能、云计算等新技术如何实现对数据的精确采集、翔实分析、云上共享、可视化呈现，成为城市大脑和产业大脑运行的一把利器，从而解决民生和产业的智慧化问题。

【例 2-5】预测房价——机器学习与 sklearn 库

小明想成为某地区有竞争力的房地产经纪人。为了更好地与同行竞争，小明运用一些人工智能技术，帮助客户为自己的房子评估最佳售价。

如果想计算房子的价格，可以用机器学习的方法构建线性回归模型，通过分析面积与单价的线性关系来预测任意面积房子的价格。

某地区房价的数据集聚合了包含多个特征维度的房价数据，是一个典型的数据集。读者可以用 Python 语言、机器学习与 sklearn 库对数据集进行统计分析，学习人工智能算法。

3. 计算机解题的基本步骤

用计算机处理数据或解决问题时，虽然可以根据不同的情况采用多种方法，但基本步骤是相同的，如图 2-3 所示。

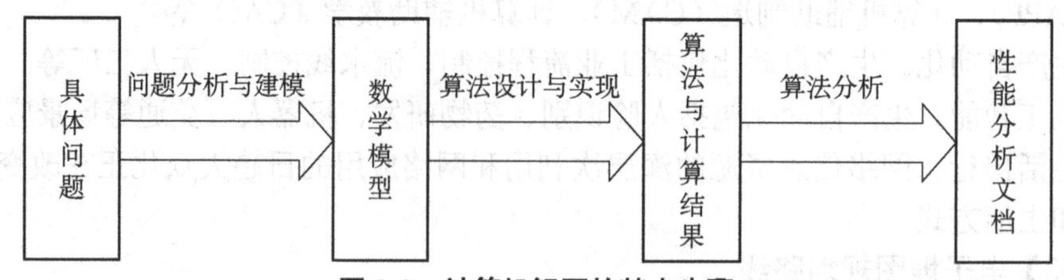

图 2-3　计算机解题的基本步骤

（1）问题分析与建模

对现实问题进行分析、抽象，建立相应的数学模型，把对现实问题的求解转化为对抽象数学模型的求解，满足计算机处理问题的特点和基本要求。

问题分析与建模时首先要确定问题的逻辑结构和基本功能，然后在结合数学、物理、计算机等的基础上，建立相关数学模型。

数学建模是一种数学思考方法，是指运用数学语言和方法，通过抽象、简化建立能近似刻画并解决实际问题。

数学建模和计算机技术的相互辅佐和融合在知识经济时代可谓是如虎添翼。

【例 2-6】哥尼斯堡七桥问题

在 18 世纪，东普鲁士的哥尼斯堡有一条大河，河中有两个小岛。全城被大河分割成四块陆地，河上架有七座桥，把四块陆地联系起来，如图 2-4 所示。当时许多市民都在思索一个问题：一个散步者能否从某块陆地出发，不重复、不遗漏地一次走完七座桥，最后回到出发地？

图 2-4　哥尼斯堡地图

从哥尼斯堡地图来看，这个问题非常复杂，图中有河流、桥、街道、各种建筑物。“七桥问题”被提出后，一直没能得到解决，因为根据普通数学知识可算出，如果每座桥均走一次，一共有 5040 种走法。

为了解决这一问题，欧拉将其抽象成数学模型，如图 2-5 所示，答案就很明显了。欧拉由此开创了一个新的数学分支——图论与几何拓扑学。欧拉的独到之处是把一个实际问题抽象成合适的数学模型，这就是计算思维中的“抽象”。

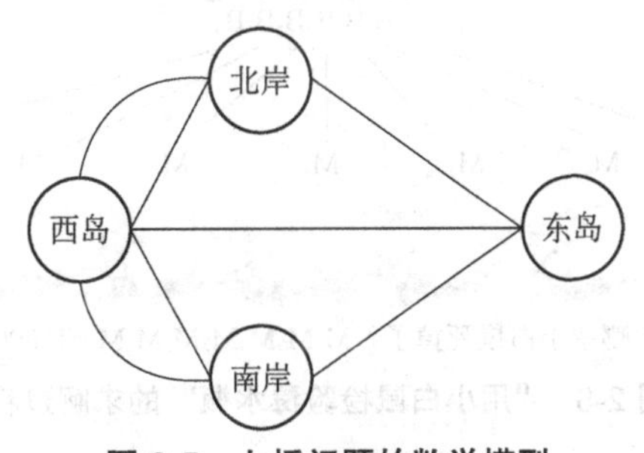

图 2-5　七桥问题的数学模型

（2）算法设计与实现

算法设计与实现是指设计解决某一特定问题或某一类问题的一系列步骤，并且要求这些步骤可以通过计算机的基本操作来实现。

算法设计完成后，要将其表示成计算机语言，从而能够通过计算机来解决现实中的具体问题。

（3）算法分析

算法分析是指对所设计算法的性能特征进行分析、评价和总结。

2.3 计算思维

案例：用小白鼠检验毒水瓶

假设有 100 瓶水，有 1 瓶是有毒的，小白鼠喝了有毒的水，7 天内就会死掉。请问至少需要几只小白鼠，才能在 7 天内检验出哪瓶水有毒？怎样检验？

求解过程如图 2-6 所示（现假设 97 号有毒）。

（1）将 100 瓶水编号，编号为 0～99。

仅用十进制数编号，很难看出如何求解。怎么解呢？可以用二进制数求解问题。

（2）进行变换，将每瓶水的编号由十进制数转换为二进制数。1 位二进制数只能表示 0 或 1（最大编号是 2^1-1），2 位二进制数能表示 0～3（最大编号是 2^2-1），以此类推，7 位二进制数能表示 0～127（最大编号是 2^7-1）。因此，如果要表示 99，则需要 7 位二进制数。由此，可想到需要 7 只小白鼠就可以在 7 天内检验出哪瓶水有毒。

问题接着来了，怎样让小白鼠喝水，才能从 100 瓶水中判断出哪瓶水有毒呢？小白鼠喝了有毒的水，可能很快就死亡，也可能在第 7 天死亡，因此一只一只试验也来不及。

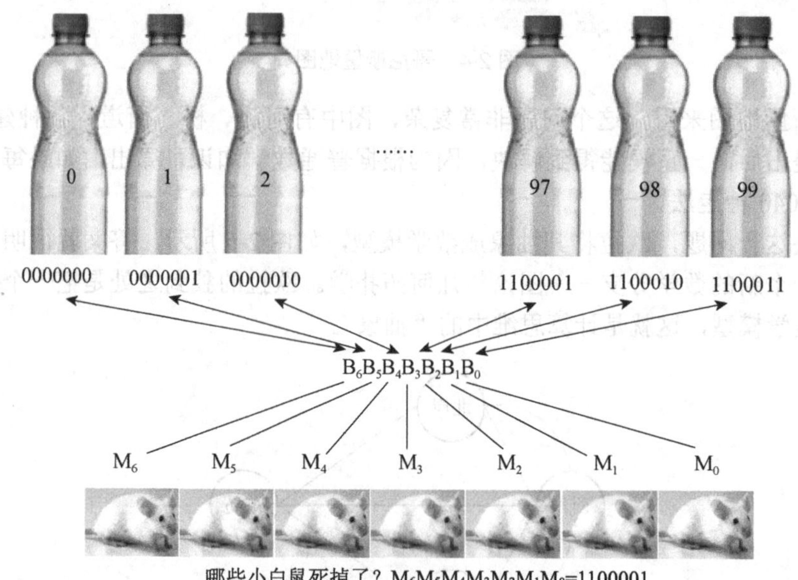

图 2-6 “用小白鼠检验毒水瓶”的求解过程

（3）每瓶水的编号都是 7 位二进制数，记为 $B_6B_5B_4B_3B_2B_1B_0$（B_i 为 0 或 1，i=0,1,2,…,6），7 只小白鼠的编号分别是 M_6、M_5、M_4、M_3、M_2、M_1、M_0。

制定规则为：如果一瓶水的 B_i 为 0，则不让 M_i 小白鼠喝水；如果 B_i 为 1，则让 M_i 小白鼠喝水。

（4）将 100 瓶水按上述规则处理。小白鼠喝完后，等待 7 天，看哪只小白鼠死了。如果 M_i 小白鼠死了，则 M_i=1，否则 M_i=0。将 M_i 连起来，发现 $M_6M_5M_4M_3M_2M_1M_0$=1100001，就得出了有毒水瓶的二进制数编号，再还原回十进制数，便可得知 97 号有毒。

其背后的思维逻辑是怎样的呢？

① 二进制思维。二进制思维是指将很多事物及其状态非常巧妙地统一起来，如0和1可以分别表示“无毒”和“有毒”、“不喝”和“喝”、“不死”和“死”。现在的计算机也采用了这种思维，即二进制理论。

② 二分法思维。二分法思维是指不断地排除“不可能”，进而找出问题的正确解。之所以称为“二分”，是因为每次处理时都把所有情况分成“可能”与“不可能”两种情况，然后排除所有“不可能”的情况，在“可能”的情况下再进行下一次排除。

③ 过程化与符号变换思维。“用小白鼠检验毒水瓶”的求解过程为：水瓶的十进制数编号→二进制编码→分配给小白鼠并产生结果→二进制编码→水瓶的十进制数编号→找出毒水瓶。

请思考：

将100个瓶子改为1000个瓶子，至少需要多少只小白鼠？怎样检验？

拓展阅读

计算机是二十世纪最伟大的发明之一，不仅为其他学科提供了新的手段和工具，其方法论特性也直接渗透和影响了其他学科，同时改变着人们的思维方式，最终形成了以计算科学为代表的计算思维，并与逻辑思维、实验思维一起成为人们认识世界和改造世界的3种基本科学思维。

本节讲解计算思维，以及如何培养和训练计算思维。让初学者不再畏惧编程的主要方法是让他们明白人与计算机交流和人与人交流本质上是相同的，只不过程序语言去掉了修饰、描写、抒情，更注重逻辑、顺序、流程、规律。一旦能把程序设计当成一种沟通交流（说话、表达、写文章）的方式，就初步具有了计算思维。只要勤加训练，熟悉所学语言的语法规则，就能渐渐理解形式化表达的方法，掌握形式化表达的规律，不断提升计算思维能力。

1. 思维和思维过程

思维（Thinking）是人类对情感、信息处理过程的一种概括和抽象，是一种心理活动的反映，是人脑从对客观事物的直接感知过渡到抽象思维的升华，反映了客观事物的本质与规律。

思维是通过一系列比较复杂的操作来实现的，如分析与综合、比较、抽象与概括等，通常具有概括性、间接性、能动性三大特性。

（1）概括性是指在人的感性基础上，将一类事物的共同特性和本质规律抽象出来，加以归纳与概括。例如，人类通过长期对地球气候和植物生长规律的观察，总结出了二十四节气与种植时节。

（2）间接性是指将非直接的事物作为媒介，来反映事物的特征或规律。例如，医生根据医学知识和临床经验，结合病人的症状和化验结果，推断出病人的病情。

（3）能动性是指思维不仅能认识和反映客观规律，而且能改造客观世界。例如，人类认识了万有引力，还发射了人造卫星、太空飞船。

2. 科学思维

传统的科学研究手段主要是理论研究和实验研究，计算则是两种研究的一种辅助手段。随着计算技术和计算机技术的迅速发展，计算已上升为科学研究的一种手段，它直接并有效地为科学研究服务。

科学思维（Scientific Thinking）是指理论认识及其过程，即通过整理和改造感性阶段获得的大量材料，形成概念、判断、推理，反映事物的本质和规律。

从人类认识世界和改造世界的思维方式出发，科学思维可分为理论思维、实验思维、计算思维。

（1）理论思维（Theoretical Thinking）又称为逻辑思维，是指通过抽象和概括，描述事物的本质，用科学的方法探寻概念之间的联系。它以推理和演绎为特征，以数学学科为代表。

（2）实验思维（Experimental Thinking）又称为实证思维，是通过观察和实验获取自然规律、法则的一种思维方法。它以观察和归纳自然规律为特征，以物理学科为代表。

（3）计算思维（Computational Thinking）又称为构造思维，是指从具体的算法设计规范入手，通过算法过程的构造与实施来解决特定问题。它以设计和构造为特征，以计算学科为代表。

【例 2-7】找假币问题

假设你有 n（$n\geqslant2$）枚硬币，其中有一枚假币，这枚假币的重量比真币轻，怎样才能找出这枚假币呢？

自己先想想看，你可以想出几种方法呢？

提示：既然知道假币的重量较轻，那么只要比较一下重量，就知道哪枚是假币了，有以下三种方法。

① 一枚一枚比较，直到找到假币。

② 将每两枚硬币分为一组，依次比较每组中的两枚硬币，直到找到假币。

③ 用二分法，过程如下。

如果 n 为偶数，则将 n 枚硬币平均分为两份，比较这两份硬币的重量，可知假币在重量较轻的那份中，继续对重量较轻的那份硬币使用二分法，直到找到假币。

如果 n 为奇数，则随意取出一枚硬币，然后将剩下的 $n-1$ 枚硬币平均分为两份，比较这两份硬币的重量。如果两份硬币重量相等，那么取出的那枚硬币就是假币；如果两份硬币重量不相等，则假币在重量较轻的那份中，继续对重量较轻的那份硬币使用二分法，直到找到假币。

请同学们以 n=10 为例，根据上面的三种方法进行求解。

请思考以下问题。

① 能不能用三分法（将硬币分为三份来进行比较）呢？能不能用 k（$3\leqslant k\leqslant n$）分法呢？请分析 k 分法的优劣。

② 如果在 n（$n\geqslant4$）枚硬币中有两枚较轻的假币，那么要怎么找出假币？

③ 如果只知道假币的重量和真币不同，那么怎样才能找出这枚假币？

3. 理解计算思维

（1）计算思维的认识过程

尽管计算思维在人类思维的早期就已经萌芽，并且一直是人类思维的重要组成部分，人类对计算思维的研究却进展缓慢。在很长一段时间里，计算思维是数学思维的一部分，主要原因是计算思维要考虑可构造性和可实现性，而相应手段和工具的进展一直是缓慢的。

尽管人们提出了很多自然现象的模拟和重现方法，设计了复杂系统，但都因缺乏相应的实现手段而束之高阁，由此导致对计算思维的研究缺乏动力和目标。

计算机的出现带来了改变。计算机对信息和符号的快速处理能力使许多原本只在理论上可以实现的过程变成了实际可以实现的过程，海量数据的处理、复杂系统的模拟、大型工程的组织等借助计算机实现了从想法到产品的自动化、精确化、可控化，大大拓展了人类认知世界、解决问题的能力和范围。

人工智能的发展为计算思维提出了新的挑战。机器替代人类的部分智力活动催发了智力活动机械化的研究热潮，凸显了计算思维的重要性，推进了人类对计算思维的形式、内容、表述的深入探索。在这样的背景下，作为人类思维活动中以构造性、能行性、确定性为特征的计算思维前所未有地被重视，并作为研究对象被广泛和仔细地研究。

（2）计算思维的定义

国际上广泛认同的计算思维的定义来自周以真（Jeannette M.Wing）教授。2006 年 3 月，时任美国卡内基・梅隆大学计算机科学系主任的周以真教授在美国计算机权威刊物 *Communicatons of the ACM* 上首次提出了“计算思维”的观念。

计算思维是指运用计算机科学的基本概念进行问题求解、系统设计、人类行为理解。它吸取了问题求解所采用的一般数学思维，也吸取了现实世界中复杂系统的设计与评估的一般工程思维以及一般科学思维。因此，计算思维涵盖了包括计算机科学在内的一系列思维活动。

（3）计算思维的特征

计算思维的三大部分是问题求解、系统设计、工程组织（人类行为理解）。计算思维的一些特征或部件有约简、嵌入、转化、仿真、递归、并行、抽象、分解、保护、冗余、容错、纠错、系统恢复、启发式、规划、学习、调度等。

计算思维的特征可以归纳为以下几点。

① 计算思维是问题求解思维。计算思维吸取了求解问题所用的一般数学思维方式，用机械化和程序化的方式进行表示。

② 计算思维是确定性的、形式化的科学思维。确定性是计算机算法和程序实现的自然要求，即用确定性的符号系统来描述问题并实现求解。形式化要求思维过程严格遵循逻辑规律，逐步进行推理，最终获得正确结果。

③ 计算思维是人机共存思维。计算思维建立在计算过程的能力和限制之上，由人和机器执行，其结果由计算机实现。

④ 计算思维的本质是高度抽象和机器的自动实现。计算思维中的抽象完全超越物理中的时空观，以致完全用符号来描述，并用机器自动实现一系列算法。

（4）计算机科学与计算思维

计算思维虽然具有许多计算机科学的特征，但计算思维本身并不是计算机科学的专属。

当前，各个学科越来越多地从信息和计算的视角来研究问题，学科内部属于计算的内容被系统地开发出来。每个学科自身蕴藏着丰富的计算思维内容，计算机的出现给计算思维的研究和发展带来了根本性的变化。

计算思维的可计算性不仅推进了计算机的发展，也推进了计算思维本身的发展。

4. 计算思维的应用

（1）计算生物学

计算生物学是生物学的一个分支，用于开发和应用数据分析及理论、数学建模、计算机仿真等，并应用于生物学、行为学、社会群体研究的一门学科，如基因测序、蛋白质结构预测等。

（2）计算化学

计算化学主要用计算机程序和方法对特定的化学问题进行研究，如数值计算（量子化学和结构化学中的演绎计算、分析化学中的条件模拟、化工过程中的应用计算等）、化学模拟、模式识别等。

（3）计算数学

计算数学也叫作数值计算方法或数值分析，如数值计算和分析、系统建模和仿真、数字信号处理、数据可视化、财务与金融工程计算、软件机器人等。

（4）其他学科领域

许多其他学科通过抽象建模，将研究从定性分析转化为定量研究，将计算思维应用于经济学、管理科学、法学、文学、艺术、体育等社会科学领域。计算思维改变了各学科领域的研究模式，如计算机博弈论改变了经济学家的思考方法。1994 年诺贝尔经济学奖授予约翰·纳什（John Nash）、莱茵哈德·泽尔腾（Reinhard Selten）、约翰·海萨尼（John C. Harsanyi）三位博弈论专家，他们有力地证明了博弈论在现代经济学中的地位。

5. 为什么要倡导计算思维

计算思维就是用计算机科学解决问题的思维，它是每个人都应该具备的基本技能，不仅仅属于计算机科学家。

基于计算思维求解问题是计算科学的根本任务之一，计算科学随着问题的复杂化发生了质的飞越，既可以用计算机完成数据处理、数值分析等问题，也可以用计算机求解物理学、化学、心理学等领域的问题。计算科学与其他学科一样，其影响已大大超出计算科学的范围。

发明创造、科技创新、寻求突破是人类不懈努力的动力与源泉，而培养和具备计算思维似乎成为实现这一切的重要前提和必备条件。

计算思维训练对计算机应用人才的培养是极为重要的，它不仅能使学生理解计算机的实现机制和约束条件，有利于学生进行发明和创新，更重要的是有利于提高学生的信息素养，也就是处理计算机问题时应有的思维方法、表达形式、行为习惯。

因此，提高计算机基础教学的质量，增强学生的计算思维能力，是培养应用型、创新型人才的必然要求。

6. 如何培养和训练计算思维

尽管计算机科学不等于程序设计，但不可否认的是，学习程序设计方法是理解计算机的最好途径。编程思维是无止境的，不同问题有不同的分析方法、算法、代码实现方法。在教学中有意识地引导学生多视角、多方位地进行编程思考，会使学生的思维能力得到跳跃式扩展和提高。

（1）计算思维与数学基础的构建

计算机科学在本质上源于数学思维，它的形式化解析基础筑于数学之上。

（2）计算思维与计算机科学导论的学习

为了对计算机科学的课程体系和知识体系有比较清晰的了解，必须站在计算思维的高度和广度来了解和掌握计算机学科的基本概念、基本方法、发展趋势，知晓学科的内涵和本质，将其作为计算机科学的导学部分。

（3）计算思维与思维能力的培养

计算思维是人类求解问题的一条途径。过去，人们认为计算机科学家的思维就是用计算机去编程，这种认识是片面的。计算思维不仅是程序化的，而是在抽象的多个层次上进行思维。

（4）计算思维与应用能力的培养

目前，计算机应用已经深入到各行各业中，融入人类活动中，解决了大量计算时代之前无法解决的问题。

（5）计算思维与创新能力的培养

创新是一个民族生存、发展和进步的原动力。计算思维的培养对创新能力的培养至关重要，创新要靠科学素养和理解科学，靠科学的思想方法。

2.4 算法

案例：“双 11”背后隐含的算法

2019 年天猫“双 11”的订单数峰值是 544000 笔/秒，阿里云抗住了全球最大的流量洪峰，如图 2-7 所示。

每年“双 11”都是一次技术“大考”，技术人员要攻克一个个难关，涉及基础设施、云计算、大数据、AR/VR、人工智能、物联网等技术领域。一切关于搜索、推荐、人工智能的技术都需要计算平台的强力支撑，如果不打破传统 Hadoop 框架的“藩篱”，研发非常高效的离线和实时计算平台，用户在交易过程中就不可能有顺畅的体验。

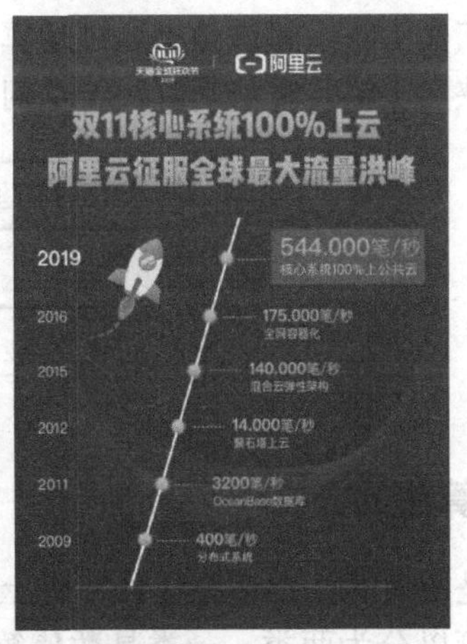

图 2-7 2019 年天猫“双 11”的交易额及交易峰值

这里不探讨管理机制，也不深究高深的理论和技术，仅从购物体验的角度探求算法对保障系统运行的重要作用，介绍购物页面上体现算法应用的几个重要功能。

1. 商品搜索

假如你搜索一件商品，你能容忍的最长等待时间是多久？对于大多数人来说，7 秒是极限。

在“双 11”巨大的流量下，技术团队是如何满足用户的购物体验的呢？除了用到数据存储技术、云计算技术，还要用到搜索算法。

2. 商品排序

除了要让用户搜索到商品，还要能根据用户的需求迅速做出反应，将品牌、销量、价格、评论数进行排序显示，这用到了非常复杂的排序算法。

3. 广告系统

广告的推送、展示效果同样需要一套有效的算法支撑。

此外，“双 11”还用到了流量调度算法、对数据进行筛选建模的预测算法、洪峰限流中的漏桶算法等。

众多问题的求解都需要算法的支持，算法是计算机科学的核心，也是计算的灵魂，在计算机问题的求解中具有重要的作用。

2.4.1 算法及其描述

1. 算法概述

算法是解决特定问题的方法或步骤，或者说，算法是为解决一类特定问题而设计的确定的、有限的操作步骤。算法是程序设计的关键，找不到算法就无法编写计算机程序，也就无法用计算机来解决问题。

只要把现实中的实际问题描述成一种计算机可接受的算法，就可以用计算机求解这些问题，因此设计算法是程序设计的关键。

从广义上讲，算法是指通过运算的方式，按照某种机械的步骤逐步求解问题。

从狭义上讲，算法是解决一个问题采取的方法和步骤的描述，如图 2-8 所示。

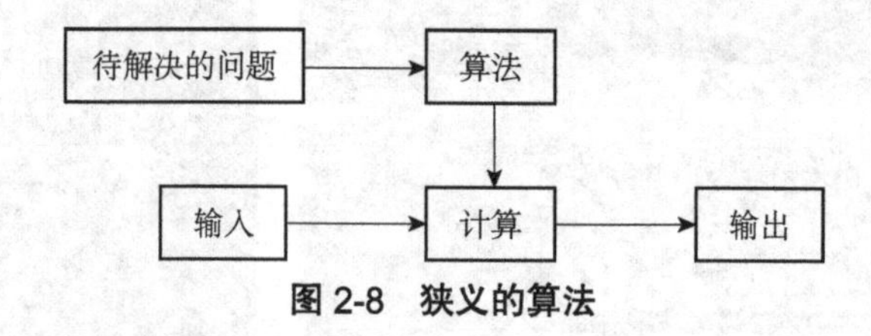

图 2-8 狭义的算法

2. 算法的分类

不是所有算法都适合在计算机上执行，能在计算机上执行的算法就是计算机算法。计算机算法可以分为两类，一类是数值算法（如求方程的根、定积分等），另一类是非数值算法

（如人事管理系统、学生成绩管理系统等）。

3. 算法的特性

算法具有以下特性。

（1）有穷性。一个算法必须在执行有限个计算步骤后终止。

（2）确定性。一个算法给出的每个计算步骤都必须是精确定义、无二义性的。

（3）有效性。算法中的每个步骤都必须被有效地执行，并能得到确定的结果。

（4）有零个或多个输入信息。一个算法可以没有输入信息，也可以有一个或多个输入信息，这些输入信息是算法的初始数据。

（5）有一个或多个输出信息。一个算法应有一个或多个输出信息，没有输出信息的算法是没有意义的。

4. 如何发现算法

用计算机求解一个问题通常包括两个步骤，一是发现潜在的算法，二是用程序表示并实现算法。

发现算法是一门富有挑战性的艺术，大致包括以下五个阶段。

（1）第一阶段：分析、理解、抽象、归纳问题。

（2）第二阶段：寻找一个可能解决问题的思路。

（3）第三阶段：用数学语言将其表达出来。

（4）第四阶段：阐明算法并选用合适的数据结构，用程序将其编写出来。

（5）第五阶段：评估算法的准确度以及算法是否有潜力作为一个解决问题的工具。

这些阶段不是一定要遵循的步骤，也不是一定要按顺序执行，要具体情况具体分析。

2.4.2 算法的表示形式

算法的表示形式很多，通常有自然语言、伪代码、流程图、N-S 结构化流程图等。

（1）自然语言

自然语言就是人们日常使用的语言，可以是汉语、英语或其他语言。用自然语言表示算法的优点是通俗易懂，缺点是文字冗长，容易出现歧义性。

【例 2-8】输出最大数

输入 10 个数，输出其中最大的数，算法设计如下。

① 输入 1 个数，存入变量 A 中，将记录数据个数的变量 N 赋值为 1，即 N=1。

② 将 A 存入表示最大值的变量 Max 中，即 Max=A。

③ 再输入一个数并赋值给 A，如果 A>Max，则 Max=A，否则 Max 不变。

④ 让记录数据个数的变量增加 1，即 N=N+1。

⑤ 判断 N 是否小于 10，若成立则转到③，否则转到⑥。

⑥ 输出 Max。

（2）伪代码

伪代码是介于自然语言和计算机语言之间的文字和符号（包括数学符号），如同写一篇文章，自上而下地写下来，每一行（或几行）表示一个基本操作。伪代码不使用图形符号，因此书写方便、格式紧凑，也比较易懂，便于向计算机语言程序转换。

例 2-8 的伪代码如下。

```
begin（算法开始）
N=1
input A（输入数据，存入变量 A 中）
Max=A
当 N<10 则
    {input A
    if A>Max 则 Max=A
    N=N+1 }
print Max
end（算法结束）
```

（3）流程图

流程图是一种传统的算法表示方法，它使用不同的几何图形框来代表不同性质的操作，用流程线来指示算法的执行方向。流程图直观形象、易于理解，所以应用广泛。

例 2-8 的算法流程图如图 2-9 所示。

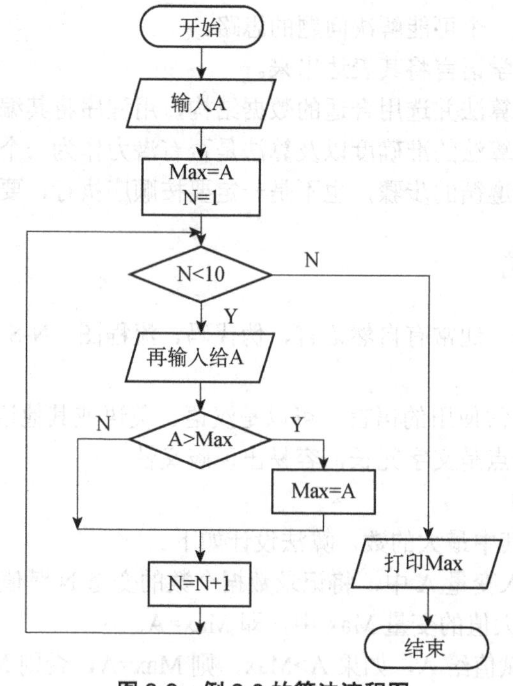

图 2-9　例 2-8 的算法流程图

拓展阅读

算法世界浩瀚无边，且比较抽象。本书精心选择有代表性的经典算法，通过各种趣味实例和形象讲解，使学生领悟背后的算法设计逻辑，激发学生的学习主动性，提高算法设计和编程技能，为今后的工作、学习打下扎实的基础。

2.5 数据结构

众所周知，计算机的算法和程序能对信息进行加工和处理。在大多数情况下，这些信息并不是没有组织的，信息（数据）之间往往具有重要的结构关系，这就是数据结构的内容。数据结构直接影响问题求解的策略和程序的执行效率。

1. 数据结构的定义

数据结构（Data Structure）是计算机存储、组织数据的方式，是指相互之间存在一种或多种特定关系的数据元素的集合。

数据结构主要包括数据的逻辑结构、数据的物理（存储）结构、数据的运算结构。

（1）数据的逻辑结构

数据的逻辑结构能反映数据之间的逻辑关系。逻辑关系是指数据元素之间的前后关系，与它们在计算机中的存储位置无关。

逻辑结构的基本类型有集合结构、线性结构、非线性结构（树形结构和图形结构），如图 2-10 所示。

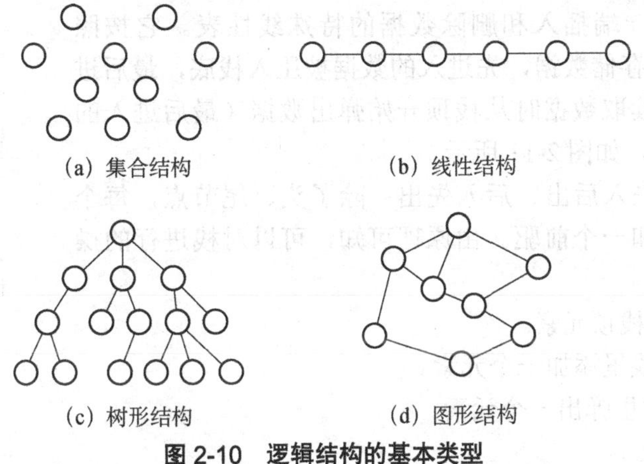

图 2-10　逻辑结构的基本类型

（2）数据的物理（存储）结构

数据的物理（存储）结构是指数据的逻辑结构在计算机存储空间中的存放形式，是数据在计算机中的表示（又称为映像）。它所研究的是数据结构在计算机中的实现方法，包括数据结构中元素的表示及元素间关系的表示。

数据的存储结构通常采用顺序存储或链式存储方法。

① 顺序存储。顺序存储是指把逻辑上相邻的元素存储在物理位置相邻的存储单元中，编程时常用数组。

② 链式存储。链式存储是指用一组任意的存储单元来存放数据，这组存储单元可以分布在内存中的任何位置上，通常借助指针来实现。

（3）数据的运算结构

数据的运算是数据结构的一个重要方面，讨论数据结构离不开对数据运算及实现算法的讨论。

数据的运算是在数据的逻辑结构上定义的操作算法，如检索、插入、删除、更新、排序等。

2. 常用的数据结构

（1）数组（Array）

在程序设计算法中，为了处理方便，把具有相同类型的若干变量有序地组织起来，这些按序排列的同类数据元素的集合称为数组。

数组是 n（n>1）个相同类型的数据元素 $a_0,a_1,\cdots,a_{n-1}$ 构成的有限序列，该有限序列存储在一块地址连续的内存单元中，可以把它看作一种长度固定的线性表。

数组的操作主要有存、取、修改、查找、排序等，没有插入和删除操作。一般情况下，假设数组的下标从 0 开始。例如，定义一个 3 行、4 列的数组，数组名为 A，其下标变量的类型为整型，共有 3×4 个下标变量，即

$$A_{[0][0]}，A_{[0][1]}，A_{[0][2]}，A_{[0][3]}$$
$$A_{[1][0]}，A_{[1][1]}，A_{[1][2]}，A_{[1][3]}$$
$$A_{[2][0]}，A_{[2][1]}，A_{[2][2]}，A_{[2][3]}$$

（2）栈（Stack）

栈是只能在某一端插入和删除数据的特殊线性表。它按照“先入后出”的原则存储数据，先进入的数据被压入栈底，最后进入的数据在栈顶，读取数据时从栈顶开始弹出数据（最后进入的数据第一个被读取），如图 2-11 所示。

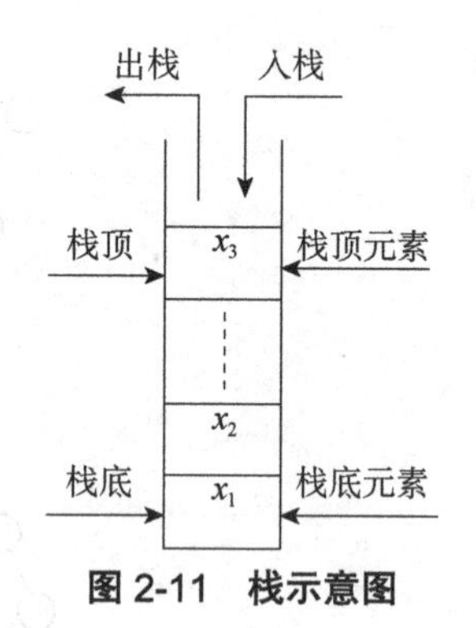

图 2-11　栈示意图

栈的特点有：先入后出、后入先出；除了头、尾节点，每个节点都有一个后继和一个前驱。由原理可知，可以对栈进行的操作如下。

① top( )：获取栈顶元素。

② push( )：向栈里添加一个元素。

③ pop( )：从栈里弹出一个元素。

（3）队列（Queue）

队列是一种特殊的线性表，它只允许在表的前端（Front）进行删除操作，以及在表的后端（Rear）进行插入操作。

进行插入操作的端称为队尾，进行删除操作的端称为队头。队列是按照“先入先出”和“后入后出”的原则组织数据的。队列中没有元素时称为空队列。

队列的特点有：先入先出，后入后出；除了尾节点，每个节点都有一个后继；除了头节点，每个节点都有一个前驱。

队列操作如下。

① push( )：入队。

② pop( )：出队。

（4）链表（Linked List）

链表是一种物理存储单元上非连续、非顺序的存储结构，它既可以表示线性结构，也可以表示非线性结构。数据元素的逻辑顺序是通过链表中的指针链接次序实现的。

链表由一系列节点（链表中的元素）组成，节点可以在运行时动态生成。每个节点包括

两部分，一是存储数据元素的数据域，二是存储下个节点地址的指针域。

（5）树（Tree）

树是由 n（$n \geqslant 0$）个节点组成的有限集合，若 $n=0$，称为空树；若 $n>0$，则满足以下两个条件。

① 有一个特定的称为根（Root）的节点，它只有直接后继，但没有直接前驱。

② 除根节点以外的其他节点可以划分为 m（$m \geqslant 0$）个互不相交的有限集合（$T_0,T_1,\cdots,T_{m-1}$），集合 T_i（$i=0,1,\cdots,m-1$）又是一棵树，称为根的子树。

树的示例如图 2-12 所示，A 为根节点，其余节点分为三个互不相交的子集 T_1、T_2、T_3，它们均为根节点 A 下的子树，树的深度为 4。

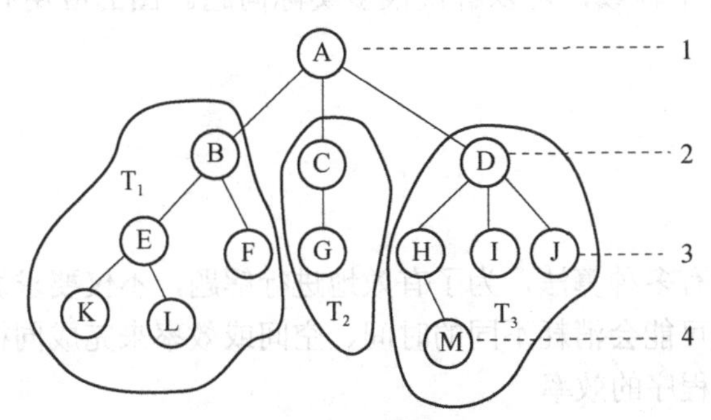

图 2-12 树的实例

二叉树（Binary Tree）是有限元素的集合，该集合可能为空，也可能由一个称为根的元素及两个不相交的左子树和右子树组成。当集合为空时，该二叉树称为空二叉树。

二叉树的特点是每个节点最多有两个子节点，并且二叉树是有序树。满二叉树和完全二叉树如图 2-13 所示。

二叉树的应用有表达式求值、求最优二叉树（哈夫曼树）等。

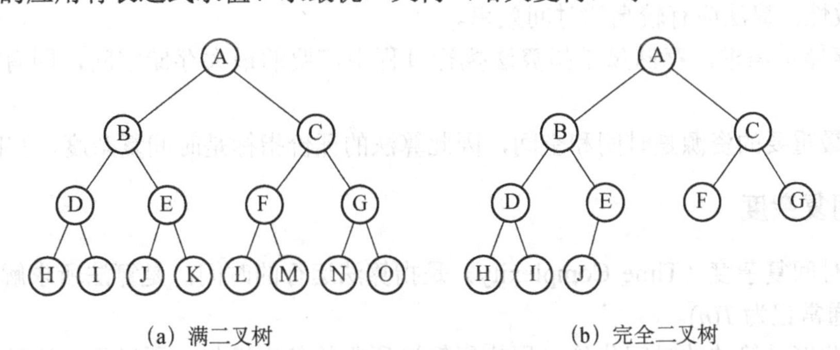

图 2-13 满二叉树和完全二叉树

（6）图（Graph）

图由节点的有穷集合 V 和边的集合 E 组成。为了与树形结构加以区别，在图结构中常将节点称为顶点，边是顶点的有序偶对。如果两个顶点之间存在一条边，就表示这两个顶点具有相邻关系。

图分为有向图和无向图，如图 2-14 所示。G1 是有向图，$V=\{V_1,V_2,V_3,V_4\}$，$E=\{<V_1,V_2>,<V_1,V_4>,<V_3,V_4>,<V_3,V_1>,<V_2,V_1>,<V_2,V_3>\}$；G2 是无向图，$V=\{V_1,V_2,V_3,V_4\}$，$E=\{<V_1,V_2>,<V_1,V_4>,<V_1,V_3>,<V_2,V_3>,<V_3,V_4>\}$。

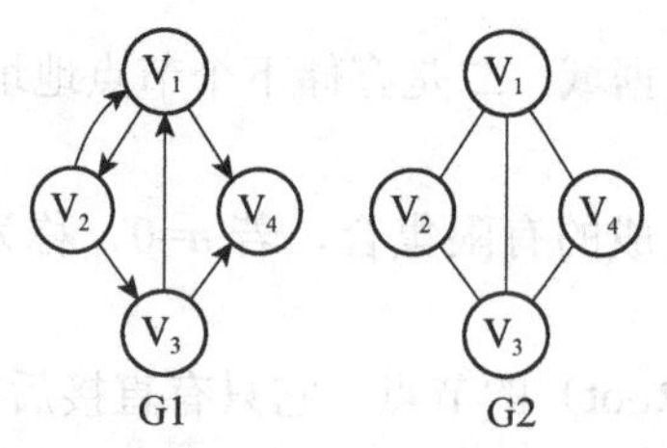

图 2-14 有向图（G1）和无向图（G2）

有时，图的边或弧附有相关的数值，这种数值称为权（Weight）。权可以表示一个顶点到另一个顶点的距离、时间消耗、开销等。

图被广泛应用于各个领域，可以解决很多实际问题。图的应用有求最短路径、拓扑排序、关键路径等。

2.6 算法评价

解决同一问题可能有多种算法，为了有效地进行解题，不仅要求算法正确，还要考虑算法的质量。不同的算法可能会消耗不同的时间、空间或效率来完成同样的任务，而算法的质量将直接影响算法乃至程序的效率。

1. 算法的评价标准

算法的特性如下。

① 正确性。算法的执行结果应当满足规定的功能和性能要求。

② 可读性。算法应当思路清晰、层次分明、简单明了、易读易懂。

③ 健壮性。算法应具有对不合理数据的反应能力和处理能力，也称为容错性。

④ 高效性。算法应有较高的时间效率。

⑤ 低存储量需求。存储量是指算法执行过程中需要的最大存储空间，即有效使用存储空间。

计算机最重要的资源是时间和空间，因此算法的评价指标是时间复杂度、空间复杂度。

2. 时间复杂度

算法的时间复杂度（Time Complexity）是指算法运行的时间，是算法所求解的问题规模 n 的函数，通常记为 $T(n)$。

时间复杂度是算法的时间代价，用执行算法所需的基本操作（原操作）次数来描述，以基本操作重复执行的次数（称为频度）作为算法的时间度量。

许多时候，要精确地计算 $T(n)$是困难的。一般情况下，算法的基本操作重复执行的次数是规模 n 的函数 $F(n)$。例如，一个算法的运行时间为 $35n+102$，当 $n \geqslant 4$ 时，$35n$ 对算法的运行时间有更大的影响。随着 n 逐渐增大，n 成为影响算法运行的主要因素。但是，n 趋于无穷大时，$35n+102$ 就可以写作 $O(n)$，意味着算法运行时间与输入规模呈线性关系。

因此，算法的时间复杂度可记作 $T(n)=O(F(n))$，$O(\,)$称为阶。常见的时间复杂度比较为：$O(1) < O(\log_2 n) < O(n) < O(n\log_2 n) < O(n^2) < O(n^3) < O(2^n)$，如图 2-15 所示。

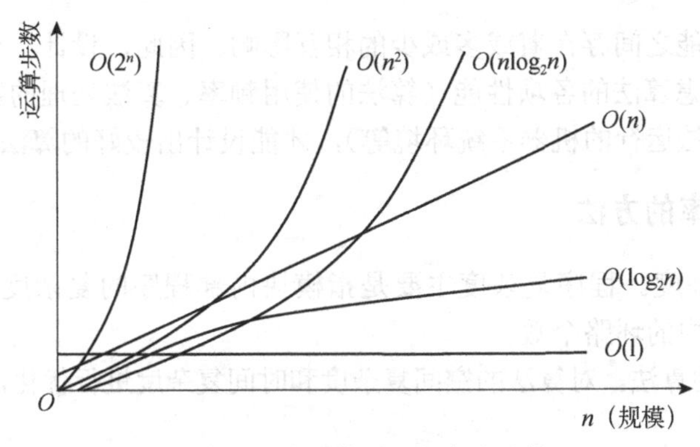

图 2-15　常见的时间复杂度比较

【例 2-9】计算时间复杂度

（1）程序段：{++x; s+=x}

将++x 看成基本操作，语句频度为 1，则时间复杂度为 $T(n)=O(1)$。如果将 s+=x 也看成基本操作，则语句频度为 2，时间复杂度为 $T(n)=O(1)$，即常量阶。

（2）程序段：

```
for(i=1; i<=n; i++)
    {++x; s+=x}
```

语句频度为 $2n$，时间复杂度为 $T(n)=O(n)$，即时间复杂度为线性阶。

（3）程序段：

```
for(i=1; i<=n; i++)
    for(j=1; j<=n; j++)
    {++x; s+=x}
```

语句频度为 $2n^2$，时间复杂度为 $T(n)=O(n^2)$，即时间复杂度为平方阶。

3. 空间复杂度

算法的空间复杂度（Space Complexity）是算法在运行过程中临时占用的存储空间，记作 $S(n)=O(f(n))$。其计算和表示方法与时间复杂度类似，一般用复杂度的渐近性来表示。

一个算法在计算机存储器上所占用的存储空间包括以下三个方面。

① 存储算法本身所占用的存储空间。这类存储空间与算法书写的长短成正比，要压缩这方面的存储空间，就必须编写较短的算法。

② 算法输入、输出数据所占用的存储空间。这是由要解决的问题决定的，是通过参数表由调用函数传递而来的，不随算法的不同而改变。

③ 算法在运行过程中临时占用的存储空间。这类存储空间随算法的不同而异，有的算法只需要占用少量的临时工作单元，而且不随问题规模的大小而改变；有的算法需要占用的临时工作单元数与解决问题的规模 n 有关，随 n 的增大而增大，当 n 较大时占用较多的存储单元。

4. 时间复杂度与空间复杂度的比较

对于一个算法，其时间复杂度和空间复杂度往往是相互影响的。追求较好的时间复杂度时，可能会使空间复杂度的性能变差，即可能占用较多的存储空间；反之，追求较好的空间复杂度时，可能会使时间复杂度的性能变差，即可能占用较长的运行时间。

另外，算法的性能之间存在着或多或少的相互影响。因此，设计一个算法（特别是大型算法）时，要综合考虑算法的各项性能（算法的使用频率、算法处理的数据量的大小、算法描述语言的特性、算法运行的机器系统环境等），才能设计出较好的算法。

5. 提高算法效率的方法

① 降低程序复杂度。程序复杂度主要是指模块内部程序的复杂度，往往采用 McCabe 度量法计算程序模块中的环路个数。

② 选用高效率的算法。对算法的空间复杂度和时间复杂度进行优化，选择高效的算法。

第3章　典型算法介绍

内容导学

本章将围绕计算思维的核心思维——逻辑思维、算法思维、问题求解策略、模式与归纳、抽象与建模、求解的评价，以及算法、数据结构、算法与程序等内容展开，为读者利用计算思维解决各领域的问题奠定基础。

算法策略（Algorithm Policy）是指在问题空间中搜索所有可能的解决问题的方法，直至选择出一种有效的方法。策略是面向问题的，算法是面向实现的。

问题空间（Problem Space）是指问题解决者对一个问题的全部认识状态，是问题解决者利用问题所包含的信息和已存储的信息主动构成的。

经典的算法策略主要包括枚举算法、递推算法、递归算法、迭代算法、分治算法、贪心算法、回溯算法等。

3.1　枚举算法

1. 算法定义

枚举算法（Exhaust Algorithm）又叫穷举法，也称为暴力破解法，是指针对要解决的问题，列举出所有可能的情况，逐个判断哪些符合问题所要求的约束条件，从而得到问题的解。

2. 算法特点

这种算法充分利用计算机语言的循环结构，其优点是思路简单，程序编写和调试都很方便。如果问题规模不是很大，要在规定的时间与空间内求出解，那么枚举算法是最直接、简单的选择。

这种算法的缺点是运算量比较大、解题效率不高。如果枚举范围太大（超过2000000次），会花费大量时间。

3. 算法思路

这种算法的基本思想是根据问题的条件确定大致范围，并在该范围内进行穷举并验证，直到问题得到解决。

这种算法一般用于决策最优化问题，适合那些很难找到大、小规模之间的关系，也不易进行分解的问题。

枚举算法一般按照以下三个步骤进行。

第一步：确定解题范围，枚举出所有可能的解。

第二步：判断是否符合正解的条件。

第三步：使可能解的范围降至最小，以便提高解题效率。

4. 算法案例

【例 3-1】“百鸡百钱”问题

中国古代数学家张丘建在《算经》中提出了著名的“百鸡百钱”问题：鸡翁一，值钱五；鸡母一，值钱三；鸡雏三，值钱一；百钱买百鸡，问鸡翁、鸡母、鸡雏各几何？（已知公鸡每只 5 元，母鸡每只 3 元，小鸡 1 元 3 只。要求用 100 元正好买 100 只鸡，问公鸡、母鸡、小鸡各买多少只？）

题目分析：

设买 x 只公鸡、y 只母鸡、z 只小鸡，则问题转化为三元一次方程组，即

$$x+y+z=100\text{（百鸡）}$$

$$5x+3y+z/3=100\text{（百钱）}$$

1 个方程无法解出 3 个变量，只能将各种可能的取值代入，求出能使两个方程成立的解。

鸡和钱的总数都是 100，因此可以确定 x、y、z 的取值范围。x 的取值范围为 1～20（100/5=20），y 的取值范围为 1～33（100/3≈33），z 的取值范围为 1～99，求解流程图如图 3-1 所示。

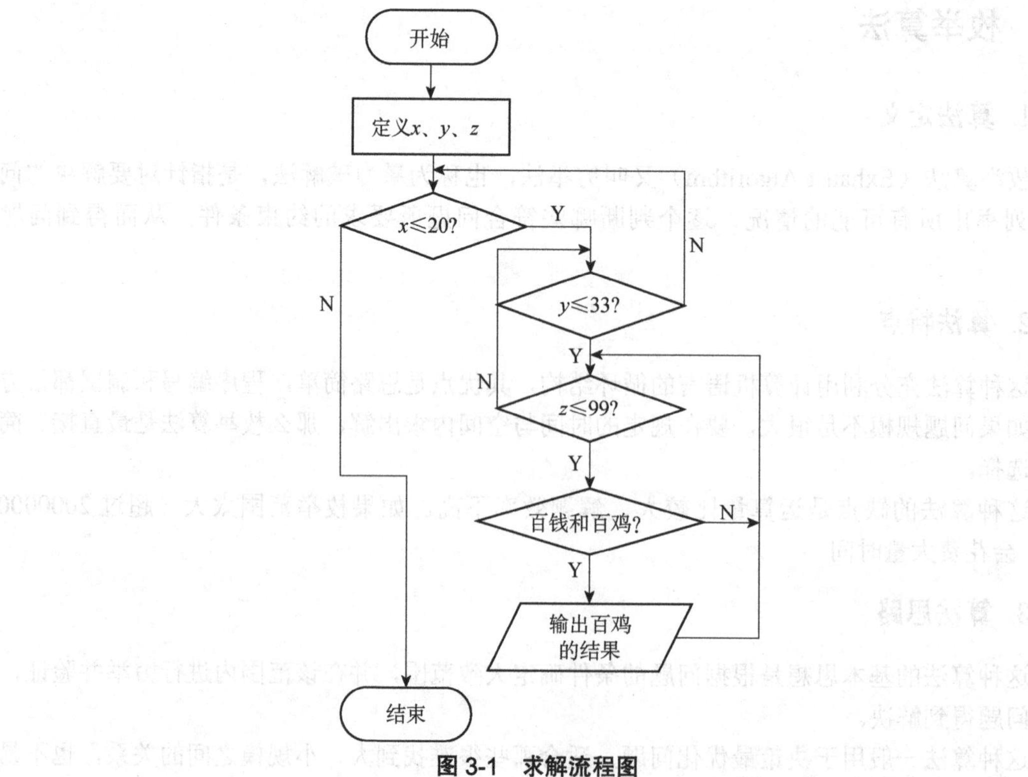

图 3-1 求解流程图

思考与讨论：

"百鸡百钱"问题

上面的算法效率还可以提高，通过分析可知，x 的最大取值应小于 20，y 的最大取值应为 $100-x$；同时，x 和 y 取定值后，z 便确定了，即 $z=100-x-y$，所以本问题的算法使用二重循环即可实现。

使用枚举算法解决这样的问题，只需要通过二重循环遍历 x、y 的所有可能值，并将每组 x、y、z 的值代入两个方程中，如果满足条件即得到问题的解（可能存在多个符合约束条件的解）。

请扫描右侧二维码了解具体解法。

【例 3-2】借书方案

借书方案

小明有 5 本新书，要借给 A、B、C 三位朋友，若每人每次只能借一本书，请问有多少种不同的借法？

本题实际上是一个排列问题。首先对 5 本编号（1～5），然后使用枚举算法。假设 3 个人分别借这 5 本书中的一本，当 3 个人所借书的编号都不相同时，即满足题意。

请扫描右侧二维码阅读具体程序。

拓展阅读：破译密码问题

枚举算法也常用于破译密码，即将密码进行逐个推算，直到找出真正的密码。

例如，一个有四位并且全部由数字组成的密码共有 10000 种组合，因此最多尝试 10000 次就能找到正确的密码。理论上，利用这种方法可以破解任何一种密码，问题在于如何缩短时间。因此，有些人用计算机来提高效率，有些人辅以字典来缩小密码组合的范围。

在一些领域，为了提高密码的破译效率而专门为其制造了超级计算机。

3.2 递归算法

1. 算法定义

递归算法（Recursion Algorithm）是指把问题转化为同类问题的子问题，然后通过递归调用过程（或函数）表示问题的解。一个程序过程（或函数）直接或间接调用自己本身，这种过程（或函数）称为递归过程（或函数）。

递归调用分为直接递归和间接递归。直接递归是指在过程中调用方法本身，间接递归是指间接地调用一个过程。

一般来说，递归算法需要有边界条件、递归前进段、递归返回段。不满足边界条件时，递归前进；满足边界条件时，递归返回。

2. 算法特点

递归过程一般通过函数或子过程来实现，在函数或子过程的内部直接或间接地调用自身，常用于一些有明显递推性质的问题。

递归算法的优点是代码简洁、清晰、可读性好。

递归算法的缺点是递归形式比非递归形式的运行速度慢。如果递归层次太深，会导致堆栈溢出。虽然算法代码通常显得很简洁，但递归算法的运行效率较低。所以，如果有别的算法可行，一般不提倡用递归算法设计程序。

3. 算法思路

递归是指把一个问题归结为一个或多个规模更小的子问题，然后用同样的方法求解规模更小的子问题，要求子问题与原问题是同一类型，以保证可用同样的方法求解。如此下去，直到子问题的规模小到可以直接求解。

递归算法有以下三个基本要求。

① 每次循环都必须使问题规模变小。

② 递归操作中相邻的两步是紧密关联的，在返回到上一层的操作中，前一次的输出信息是后一次的输入信息。

③ 当子问题的规模足够小时，能直接求出该子问题的解，也就是说必须具备结束递归的初始条件。

4. 算法案例

【例 3-3】阶乘问题

阶乘问题

阶乘（Factorial）是指 1 到 n 之间的所有自然数相乘的结果。

在进行问题求解前，首先分析下面的分段函数。

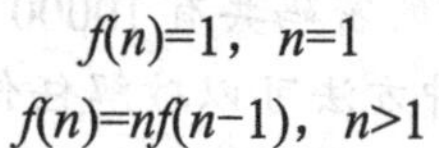

$$f(n)=1，n=1$$
$$f(n)=nf(n-1)，n>1$$

编写程序时，以 fact( )函数的调用过程为例，递归调用分为递推和回归两个阶段，如图 3-2 所示。

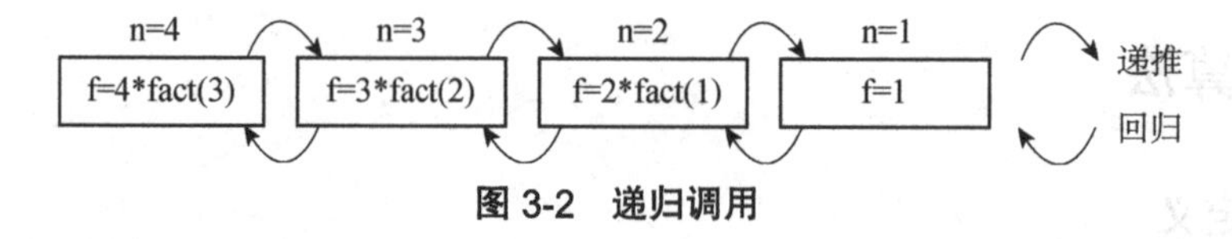

图 3-2 递归调用

【例 3-4】汉诺塔（Hanoi）问题

汉诺塔问题是一个古典数学问题，只能用递归算法来解决。有一个汉诺塔，塔内有 A、B、C 三个座。开始时 A 上有 64 个盘子，盘子的大小不同，大的在下面，小的在上面，如图 3-3 所示。现有一个和尚想将这 64 个盘子从 A 移动到 C 上，但他每次只能移动一个盘子。在移动过程中，必须保持 A、B、C 上的盘子是大盘在下、小盘在上的状态。在移动过程中可以利用 B，请分析移动过程。

图 3-3 汉诺塔

首先考虑A上最下面的盘子，如果能将它上面的63个盘子移动到C上，则完成任务，具体步骤如下。

① 将A最上面的63个盘子移动到B上。

② 将A上剩下的一个盘子移动到C上。

③ 将B上的63个盘子移动到C上。

如果能完成上述三步，则完成任务，这种方法就是递归的思考方法。

为了将A最上面的63个盘子移动到B上，还需要做以下工作。

① 将A最上面的62个盘子移动到C上。

② 将A上剩下的一个盘子移动到B上。

③ 将C上的62个盘子移动到B上。

将这个过程进行下去，即不断地递归，继续移动61个盘子、60个盘子……直到最后达到仅有一个盘子的情形，则将一个盘子从一个座移动到另一个座，问题也就得到了解决，所有步骤都是可执行的。

该和尚想知道这项任务的详细移动步骤，这实际上是一个巨大的工程，是一个不可能完成的任务。根据数学知识可以知道，移动 n 个盘子需要 2^n-1 步，则移动64个盘子需要18446744073709551615步。如果每步需要1秒钟，那么就需要584942417355.072年（即约5849亿年）来求解这个难题。

请同学们思考：n=3时，如何借助B将3个盘子从A移动到C上？写出解题过程。

拓展阅读

递归算法在图形中的一个重要应用是分形图。这是数学领域里的一个新兴课题，如果将图形的每个元素按某种规则进行变形，就可以得到新的图形。进行若干次变形后得到的图形就是分形图，用分形图能画出许多漂亮的图案。

分形（Fractal）的概念由法国数学家伯努瓦·曼德勃罗在1975年提出，用于形容局部与整体相似的形状。分形图可以使用简单的递归绘图方案实现，从而产生复杂的图案。分形图可以模拟自然界的树、蕨类、云等。0阶、1阶、2阶、3阶、4阶科赫曲线（Koch Curve）如图3-4所示，请扫描下方二维码了解科赫曲线。

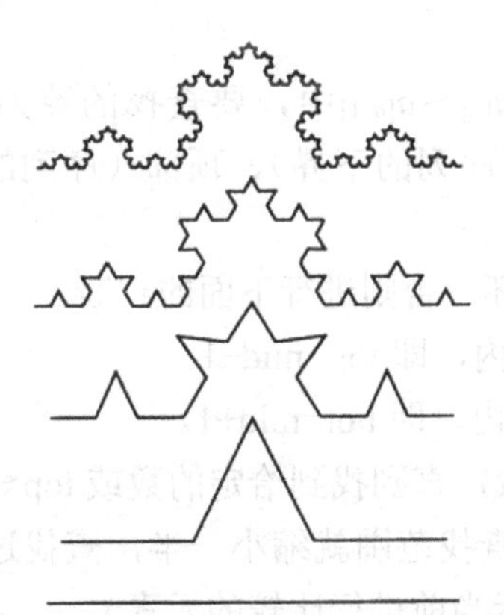

图3-4　0阶、1阶、2阶、3阶、4阶科赫曲线

科赫曲线

3.3 分治算法

1. 算法定义

分治算法（Divide-and-Conquer Algorithm）是指将一个规模为 n 的问题分解为 k 个规模较小的子问题（这些子问题相互独立且与原问题的性质相同），再把子问题分成更小的子问题，直到子问题可以直接进行求解，原问题的解即为子问题解的合并。

任何一个可以用计算机求解的问题所需的计算时间都与其规模有关。问题的规模越小，越容易求解，所需的计算时间也越少。

“分而治之”技巧是很多高效算法的基础，如排序算法（快速排序、归并排序等）、傅里叶变换（快速傅里叶变换）等。由分治算法产生的子问题往往是原问题的较小模式，这就为使用递归技术提供了方便。

2. 算法特点

分治算法的特点如下。

① 当问题的规模缩小到一定程度时，就可以容易地解决。

② 如果问题可以分解为若干个规模较小的相同问题，则该问题具有最优子结构性质。

③ 利用子问题的解可以合并出问题的最终解。

④ 所分解出的各个子问题是相互独立的，即子问题之间不包含公共的子问题。

3. 算法思路

分治算法一般按照以下三个步骤进行。

① 分解。将要解决的问题划分成若干规模较小的同类问题。

② 求解。当子问题划分得足够小时，用较简单的方法解决。

③ 合并。按原问题的要求，将子问题的解逐层合并，构成原问题的解。

4. 算法案例

例 2-7 中使用的二分法就是分治算法。

【例 3-5】在有序数据数列中查找给定的数

设 n 个有序数（从小到大排序）存放在数组 $a_{[0]}$～$a_{[n-1]}$中，要查找的数为 x。用变量 bot、top、mid 分别表示所查找的数据范围的底部（序列的下界）、顶部（序列的上界）、中间（mid=(bot+top)/2），算法如下。

（1）如果 $x=a_{[\text{mid}]}$，则已找到给定的数，退出循环，否则进行下面的判断。

（2）如果 $x<a_{[\text{mid}]}$，则 x 必定在 bot～mid−1 范围内，即 top=mid−1。

（3）如果 $x>a_{[\text{mid}]}$，则 x 必定在 mid+1～top 范围内，即 bot=mid+1。

（4）确定了新的查找范围后，重复进行以上比较，直到找到给定的数或 top≤bot。

折半查找法又叫作二分查找法，每进行一次，查找范围就缩小一半，查找过程如图 3-5 所示（n=10，方框表示查找范围，加下画线的数表示当前进行比较的元素）。

数组 a	$a_{[0]}$	$a_{[1]}$	$a_{[2]}$	$a_{[3]}$	$a_{[4]}$	$a_{[5]}$	$a_{[6]}$	$a_{[7]}$	$a_{[8]}$	$a_{[9]}$
查找值 x=36	1	4	7	13	16	19	28	36	49	60

第 1 次查找，$x>a_{[4]}$，则下次在 $a_{[5]}\sim a_{[9]}$之间查找

第 2 次查找	1	4	7	13	16	19	28	36	49	60

$x=a_{[7]}$，查找成功

（a）查找成功的过程

数组 a	$a_{[0]}$	$a_{[1]}$	$a_{[2]}$	$a_{[3]}$	$a_{[4]}$	$a_{[5]}$	$a_{[6]}$	$a_{[7]}$	$a_{[8]}$	$a_{[9]}$
查找值 x=55	1	4	7	13	16	19	28	36	49	60

第 1 次查找，$x>a_{[4]}$，则下一次在 $a_{[5]}\sim a_{[9]}$之间查找

第 2 次查找	1	4	7	13	16	19	28	36	49	60

$x>a_{[7]}$，则下一次在 $a_{[8]}\sim a_{[9]}$之间查找

第 3 次查找	1	4	7	13	16	19	28	36	49	60

$x>a_{[8]}$，则下一次在 $a_{[9]}\sim a_{[9]}$之间查找

第 4 次查找	1	4	7	13	16	19	28	36	49	60
									top	bot

$x<a_{[9]}$，此时 top=9-1=8，bot=9

bot>top，查找失败

（b）查找失败的过程

图 3-5 查找过程

请扫描右侧二维码阅读解题过程。

在有序数据数列中查找给定的数

3.4 递推算法

1. 算法定义

递推算法（Recurrence Algorithm）是一种简单的算法，即通过已知条件，利用特定关系得出中间推论，直至得到结果。

递推算法分为顺推法和逆推法。顺推法是指从已知条件出发，逐步推算出要解决的问题。逆推法是指从已知问题的结果出发，用迭代表达式逐步推算出问题的开始条件，即顺推法的逆过程。

2. 算法特点

这种算法充分利用了计算机运算速度快、可以自动进行重复操作的特点。

递推算法的优点是思路简单，程序编写和调试都很方便，运行效率较高。

递推算法的缺点是运算的过程值较多（如果选择数组结构的话），耗用空间量较大，但如果选用简单变量通过迭代的方法处理数据之间的关系，可以节省空间。

3. 算法思路

递推算法的本质是按规律逐次推出（计算）下一步的结果，所以更多用于计算。递推算法是计算序列的一种常用算法，其思想是把一个复杂的、庞大的计算过程转化为简单过程的多次重复，利用了计算机速度快和“不知疲倦”的特点。

递推算法一般按照以下三个步骤进行。

第一步，确定问题的数据信息之间存在着特定的递推关系，并用数学公式描述出来。例如，给定一个序列 $H_0,H_1,\cdots,H_n$，如果存在整数 N_0，当 $n>N_0$ 时，可以用“=”（或“>”“<”）将 H_n 与其前面的某些项 H_i（$0<i<n$）联系起来，这样的式子就叫作递推关系。

第二步，确定由已知的基础数据可以递推出后面的数据。

第三步，尽量使用简单变量，使计算的过程值暂用的空间量少，以便提高解题效率。

4. 算法案例

【例 3-6】斐波那契数列（Fibonacci Sequence）问题

斐波那契数列是：1，1，2，3，5，8，13，21，34，55，89，144…，求第 n 项的值。

设它的函数为 $F(n)$，已知 $F(1)=1$、$F(2)=1$，那么 $F(n)=F(n-1)+F(n-2)(n\geqslant 3)$，则通过顺推可以知道，$F(3)=F(1)+F(2)=2$、$F(4)=F(2)+F(3)=3$……只要配合循环控制序列项编号，就很容易得到想要的项值。

注：具体程序请看第二篇实验 9 中的实例 9-5。

拓展阅读：递推算法与递归算法的区别

递推与递归虽然只有一字之差，但两者是不同的。递推算法就像多米诺骨牌，根据前面几个问题可以得到后面问题的结果；递归算法是“大事化小”，汉诺塔问题的解法就是典型的递归算法。

如果一个问题既可以用递推算法求解，也可以用递归算法求解，则往往用递推算法，因为递推算法的效率更高。

3.5 贪心算法

1. 算法定义

贪心算法（Greedy Algorithm）将问题的求解过程看作一系列选择，它所作的每一个选择都是当前状态下某种意义上的最优解（即贪心选择），并期望通过每次所作的贪心选择（局部最优解）导致最终结果是问题的一个最优解或近似最优解。

2. 算法特点

① 有一个以最优方式解决的问题。为了构造问题的解决方案，有一个候选的对象的集合。

② 随着算法的进行，将积累起其他两个集合，一个包含已经被考虑过并被选出的候选对象，另一个包含已经被考虑过但被丢弃的候选对象。

③ 有一个函数来检查一个候选对象的集合是否提供了问题的解答，该函数不考虑此时的解决方法是否最优。

④ 还有一个函数检查是否一个候选对象的集合是可行的，即是否可能往该集合上添加更多的候选对象以获得一个解。和上一个函数一样，此时不考虑解决方法的最优性。

⑤ 选择函数可以指出哪个剩余的候选对象最有希望构成问题的解。

3. 算法思路

贪心算法的主要思路如下。

① 建立数学模型来描述问题。

② 把求解的问题分成若干个子问题。

③ 对每一子问题求解，得到子问题的局部最优解。

④ 把子问题的局部最优解合成原来问题的一个解。

对于一个给定的问题，可能有好几种量度标准。看起来，这些量度标准似乎都是可取的，但实际上，用其中的大多数量度标准作贪心处理所得到该量度意义下的最优解并不是问题的最优解，而是次优解。因此，选择能产生问题最优解的最优量度标准是使用贪心算法的核心。

一般情况下，要选出最优量度标准并不是一件容易的事，但对某问题选择出最优量度标准后，用贪心算法求解特别有效。

4. 算法案例

【例 3-7】背包问题（Knapsack Problem）

假设有 n 个物品和一个背包，物品 i 的重量是 W_i，价值为 P_i，背包的载荷能力为 M。对于任一物品，该物品只能装入一次，并且不能只装入物品的一部分（要么整体装入背包，要么不装入）。请问：如何选择物品，才能使装入背包中的物品的总价值最大？

将该问题转化成数学语言。给定 $M>0$、$W_i>0$、$P_i>0$（$1 \leqslant i \leqslant n$），要求找出一个 n 元向量 $(X_1,X_2,\cdots,X_n)$，使得$\sum W_iX_i \leqslant M$，而且$\sum P_iX_i$最大。

例如，给定 3 个重量为{7,3,4}、价值为{42,12,40}的物品，以及 1 个容量为 10 的背包，所有可能装入的物品子集如表 3-1 所示。可以看出，不可行的结果是{1,3}和{1,2,3}。其余结果都可行，将其总价值进行比较，就可得出最佳结果是{1,2}。

表 3-1 所有可能装入的物品子集

序号	子集	总重量	总价值	序号	子集	总重量	总价值
1	Ø	0	0	5	{1,2}	10	54
2	{1}	7	42	6	{2,3}	7	52
3	{2}	3	12	7	{1,3}	11	不可行
4	{3}	4	40	8	{1,2,3}	14	不可行

上述方式虽然可以找到最大价值的物品组合，可是如果有 n 个物品就会有 2^n-1 种组合，要在 2^n-1 种组合中找到价值最大的组合显然是非常耗时的，也是很困难的。

根据计算思维的解题思路，需要考虑“怎么分，怎么合”的问题。采用贪心算法求解背包问题时，可以设计多种策略，如价值准则（从剩余的物品中选择可以装入背包的价值最大的物品）、重量准则（从剩余的物品中选择可以装入背包的重量最小的物品）。

在进行选择时，按照某种标准采取在当前状态下最有利的选择，以期望获得较好的解。贪心算法并非在任何情况下都能找到问题的最优解，请看下面的例子。

【例 3-8】旅游路径的选择

贪心算法也很适合用于旅游路径的选择，如图 3-6 所示，假如要从节点 5 走到节点 3，最短的路径是什么呢？

以贪心算法来说，当然是先走到节点 1，接着走到节点 2，最后走到节点 3，这样的距离是 28。可是从图 3-6 中我们发现直接从节点 5 走到节点 3 才是最短的距离，也就是说，在这种情况下无法用贪心算法找到最佳的解决方案。

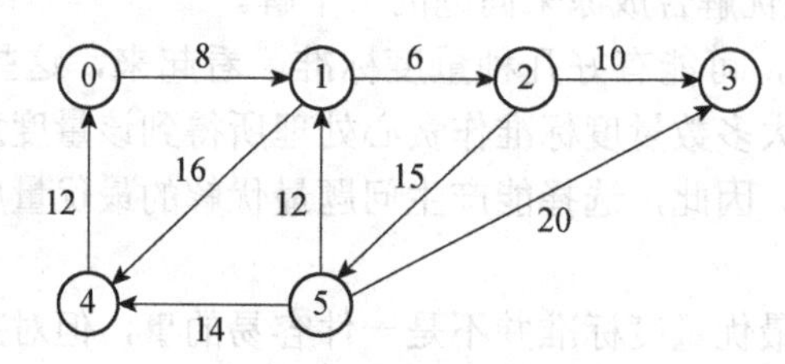

图 3-6 旅游路径的选择

3.6 回溯算法

1. 算法定义

回溯算法（Back-Tracking Algorithm）是一种“选优”的搜索方法，按照“选优”的条件向前搜索，以达到目标；如果搜索到某一步时，发现原先的选择并不“优”或达不到目标，就退一步重新选择，这种走不通就退回再走的技术就是回溯算法。

2. 算法特点

回溯算法是指沿着一条路往前走，能进则进，不能进则退回来，换一条路再试。回溯算法在迷宫搜索中很常见，如果某条路走不通，就返回前一个路口，继续探寻下一条路。

回溯算法其实就是一种枚举算法。不过回溯算法使用剪枝函数，剪去一些不可能到达最终状态（即答案）的节点，从而减少状态空间树的节点。

3. 算法思路

通过对问题的分析，找出一个解决问题的线索，然后沿着这个线索向前试探，若试探成功，就得到解；若试探失败，就逐步往回退，换别的路线再向前试探。

回溯算法实际上是广度与深度结合的搜索方法，深度搜索过程中碰到条件不满足的情况，则退回上一层，进行全面的搜索。

4. 算法案例

【例 3-9】老鼠走迷宫

一只老鼠在一个 $n \times n$ 迷宫的入口处，它想吃迷宫出口处放着的奶酪，这只老鼠能否吃到奶酪？如果可以吃到，请给出一条从入口到奶酪的路径。

老鼠在迷宫的入口处，迷宫中有许多墙，使大部分路径都被挡住而无法前进。老鼠可以采用尝试错误的方法找到出口。不过，这只老鼠必须能在走错路时重来一次并把走过的路记下来，避免下次走同样的路，直到找到出口。老鼠行进时，必须遵守以下三个原则。

① 一次只能走一格。

② 遇到墙无法往前走时，退回一步找找看是否有其他路可以走。

③ 走过的路不会再走第二次。

在编写走迷宫程序之前，我们先来了解如何在计算机中表现一个仿真迷宫。这时可以使用二维数组，并符合以下规则。

```
maze[i][j]=1
```

表示[i][j]处有墙，无法通行。

```
maze[i][j]=0
```

表示[i][j]处无墙，可通行。

一个 10×10 的迷宫如图 3-7 所示，灰色部分是墙，白色部分是可以走的路。迷宫的入口在上面，出口在右侧。

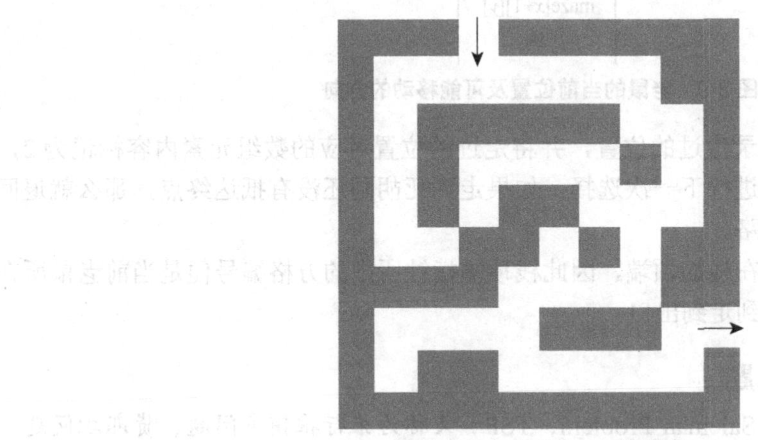

图 3-7　一个 10×10 的迷宫

这个迷宫其实是由 10×10=100 个格子组成的，灰色格子代表墙，白色格子代表路，如图 3-8(a)所示。“灰色格子代表墙，白色格子代表路”是用语言形式描述的，需要转换成数学形式，用 1 和 0 分别定义灰色格子和白色格子，如图 3-8(b)所示。

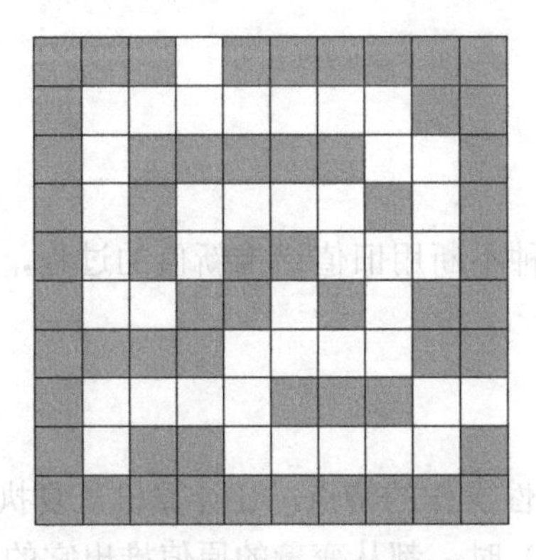

(a) 将10×10的迷宫划分成100个格子

1	1	1	0	1	1	1	1	1	1
1	0	0	0	0	0	0	0	1	1
1	0	1	1	1	1	1	0	0	1
1	0	1	0	0	0	0	1	0	1
1	0	1	0	1	1	0	0	0	1
1	0	0	1	1	0	1	0	1	1
1	1	1	1	0	0	0	0	1	1
1	0	0	0	0	1	1	1	0	0
1	0	1	1	0	0	0	0	0	1
1	1	1	1	1	1	1	1	1	1

(b) 用1和0分别定义灰色格子和白色格子

图 3-8　老鼠可能移动的方向

下面从数学的角度分析老鼠走迷宫的过程。假设老鼠从左上角的 maze[0][3]进入，从右下角的 maze[7][9]出来，老鼠的当前位置用 maze[x][y]表示，如图 3-9 所示。老鼠可以选择的方向共有四个，分别是东、南、西、北。但是，并非每个位置都有四个方向可以选择，必须视情况而定，例如“T”形路口就只有三个方向可以选择。

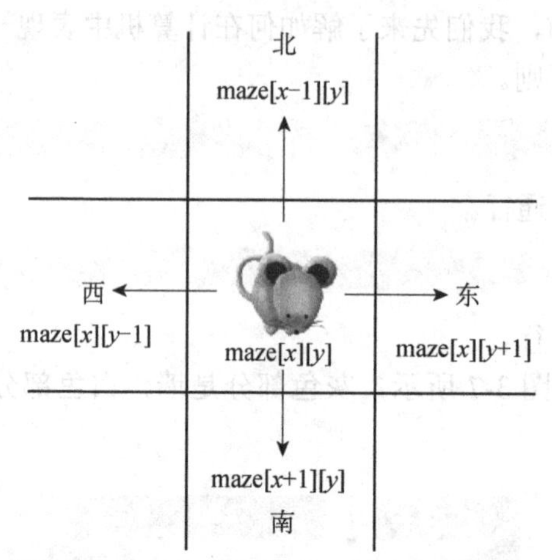

图 3-9　老鼠的当前位置及可能移动的方向

我们可以使用链表来记录走过的位置，并将走过的位置对应的数组元素内容标记为 2，然后将这个位置放入栈，再进行下一次选择。如果走到死胡同还没有抵达终点，那么就退回上一个岔路口，再选择其他路。

每次新加入的位置必定在栈的顶端，因此栈顶端指针所指的方格编号便是当前老鼠所在的位置。重复这些动作，直到走到出口。

拓展阅读：旅行商问题

旅行商问题（Traveling Saleman Problem，TSP）又称为旅行推销员问题、货郎担问题，是最基本的路线问题。

旅行商要到若干个城市旅游，各城市之间的费用是已知的，寻求单一旅行者由起点出发，通过所有给定的需求点后，最后再回到原点的最小路径成本。

3.7 迭代算法

1. 算法定义

迭代算法在数学上也称为“递推法”，是一种不断用旧值递推新值的过程，在解决问题时，总是重复利用一种方法。

2. 算法特点

迭代算法利用计算机运算速度快、适合重复性操作的特点，让计算机重复执行一组指令（或一定步骤），每次执行这组指令（或这些步骤）时，都从变量的原值推出它的一个新值。

使用迭代算法解决问题时，需要做以下三个工作。

① 确定迭代变量。

② 建立迭代关系式。

③ 对迭代过程进行控制，确定在什么时候结束迭代过程。

3. 算法思路

对于要求解的值，由一个给定的初值，通过某一算法（迭代公式）可求得新值，通常该新值比初值更接近要求解的值，再由新值按照同样的算法求得另一个新值，这样经过有限次迭代即可求得其解。

4. 算法案例

【例 3-10】求平方根

已知求 $\sqrt{a}$ 的迭代公式为

$$x_1 = \frac{1}{2}\left(x_0 + \frac{a}{x_0}\right)$$

设 $\sqrt{a}$ 的解为 x，可假定一个初值 $x_0=a/2$（估计值），根据迭代公式得到一个新值 x_1，x_1 比 x_0 更接近要求解的值 x；再以新值作为初值，即 $x_1 \rightarrow x_0$，重新按原来的方法求 x_1，重复这一过程直到$|x_1-x_0|<\varepsilon$（某一给定的精度），此时可将 x_1 作为问题的解。

请扫描右侧二维码阅读具体解法。

例 3-10　求平方根

习　　题

1. 鸡兔同笼问题

有若干只鸡和兔在同一个笼子里，共有 35 个头、94 只脚，求笼子中各有多少只鸡和兔？

2. 找零钱问题

将一张面值为 100 元的人民币等值换成 100 张 5 元、1 元、 0.5 元的零钞，要求每种零钞不少于 1 张，问有哪几种组合？

3. 三色球问题

设有 3 个红球、3 个黄球、6 个绿球，现将这 12 个球混放在一个盒子里，从中任意摸出 8 个球，求摸出球的各种颜色搭配。

提示：三色球问题最简单、直接的解法是枚举算法。

4. 算 24 点游戏

给定 4 个整数（数字范围为 1～13），使用“+”“−”“×”“/”“( )”构造一个计算式，使计算结果是 24，例如(2−1)×4×6=24。

5. 斐波那契数列问题

用递归算法求解斐波那契数列问题。

6. 找零币问题

假设某超市只有 1 分、2 分、5 分、1 角、2 角、5 角、1 元的硬币。在超市结账时，如果需要找零钱，收银员希望找给顾客的硬币数最少。给定需要找的零钱数目，如何求得最少的硬币数（可用贪心算法）？

7. 求立方根

用迭代算法编写程序，求解 a 的立方根。

8. 会议室安排问题

假设现在只有一个会议室，需要举行 8 场会议。每场会议都有开始时间 b 和结束时间 e（若前一场会议的结束时间早于后一场会议的开始时间，则称这两场会议之间没有冲突，否则称这两场会议之间有冲突）。每场会议的开始时间和结束时间如表 3-2 所示。请使用贪心算法解决这个问题，使会议室能够满足最优的安排。

表 3-2 每场会议的开始时间和结束时间

会议编号（i）	1	2	3	4	5	6	7	8
开始时间（b）	0	2	1	5	7	10	4	15
结束时间（e）	4	6	7	8	11	13	14	17

9. n 皇后问题

在 $n\times n$ 格的棋盘上放置 n 个皇后，使其不能相互攻击，即任意两个皇后不能处于同一行、同一列或同一斜线上，有多少种不同的放置方法？

n=8 时，即为著名的八皇后问题，如图 3-10 所示。

请以 n=4（四皇后问题）为例，使用回溯算法，找出所有可能解。

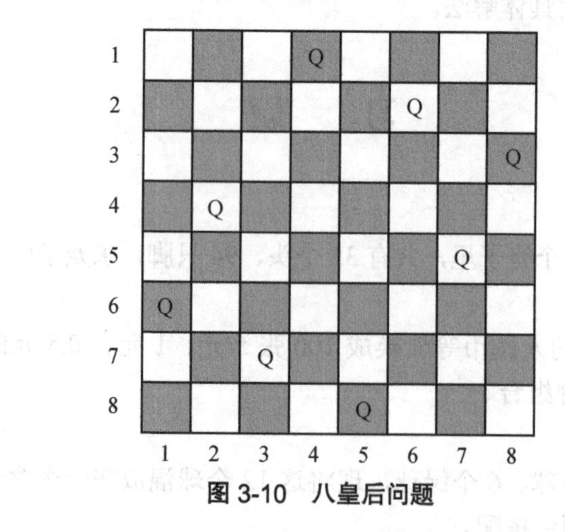

图 3-10 八皇后问题

第二篇

基础实验

实验 0　Python 环境配置

一、实验目的

1. 了解 Python 开发环境的下载、安装、运行方法。
2. 熟悉并掌握 Python 开发环境 IDLE 的使用方法。
3. 熟悉第三方库的获取与安装方法。

二、知识要点

1. Python 开发环境的建立过程

（1）从 Python 官网下载适合操作系统的安装包，下载页面如图 0-1 所示。

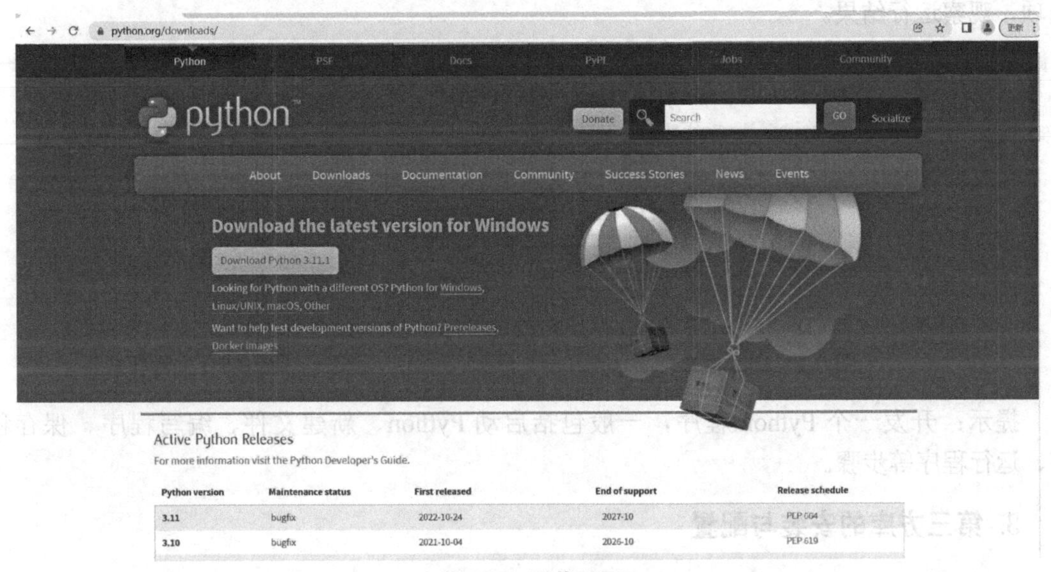

图 0-1　下载页面

请读者根据操作系统的版本（32 位或 64 位）选择正确的 Python 版本。

（2）运行安装包，根据安装向导进行安装。

在自定义安装界面中，勾选“Add python.exe to Path”选项，将 Python 解释器的路径添加到系统路径中。

（3）如果需要第三方库，可以在 cmd 命令行窗口中运行“pip install 库名”命令，安装第三方库。

（4）Python 的安装包自带命令行交互环境和 IDLE 集成开发环境，如果需要其他集成开发环境（如 PyCharm、Anaconda 等），可自行下载、安装。

2. Python 解释器及其使用

IDLE（Integrated Development and Learning Environment）是 Python 的集成开发和学习环境，有两种使用模式，即交互模式和文件模式。

（1）进入命令行窗口，输入“Python”，看到“>>>”提示符就说明处于交互模式，如图 0-2 所示。

请在“>>>”提示符后输入以下语句，观察输出结果。

```
>>>print("Hello World!")
Hello World!
>>>x="Hello World"
>>>print(x)
Hello World
>>>5*3+4/2-8
9.0
```

（2）打开 IDLE 开发环境，依次选择“File”→“New File”选项，可以输入代码，也可以通过文件模式编写 Python 程序，如图 0-3 所示。

在编辑框中输入代码，按下“F5”键，或在菜单中依次选择“Run”→“Run Module”选项，观察运行结果。

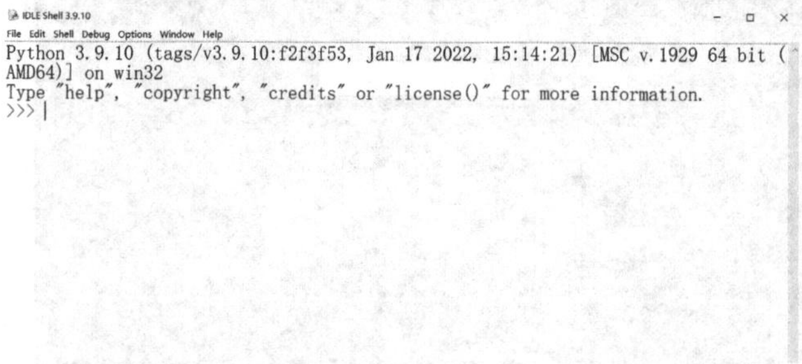

图 0-2 交互模式

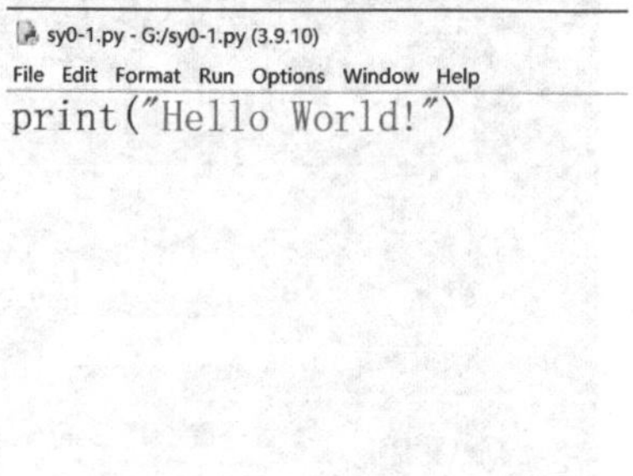

图 0-3 文件模式

提示：开发一个 Python 程序，一般包括启动 Python、新建文件、编写程序、保存程序、运行程序等步骤。

3. 第三方库的安装与配置

包管理器是一种可以简化安装过程、高效管理依赖关系、进行版本控制的工具。

pip 是管理 Python 第三方库的重要工具，它不仅可以查看已安装的 Python 第三方库列表，还可以安装、升级、卸载 Python 第三方库。常用的 pip 命令如表 0-1 所示。

提示：

（1）pip 命令需要在命令行窗口中运行，直接用“pip install 库名”命令安装即可；

（2）要搜索、下载相关的 whl 文件，在命令行窗口中切换到该文件的目录下，输入以下命令即可。

```
pip install whl 文件
```

表 0-1 常用的 pip 命令

命令	功能
pip list	列出已安装的第三方库及其版本
pip install 库名	在线安装第三方库
pip install whl 文件	通过下载的文件离线安装第三方库
pip install -r require.txt	在线安装 require.txt 文件中的第三方库
pip upgrade 库名	升级第三方库
pip uninstall 库名	卸载第三方库

拓展阅读

英国科学家牛顿曾说：“如果我比别人看得更远，那是因为我站在巨人的肩膀上。”编程就是要站在巨人的肩膀上。Python 有众多第三方库供我们使用。

为了促进科技资源科普化传播，增强优质科普产品和服务供给，提升全民科学素质，助推我国科技创新发展，新时代的青年应积极投身到科普工作中，参与科普创作，共同谱写新时代的科普华章。

青年应多参与科普工作和开源项目，一方面用自己的专业传播知识和理念，另一方面真正走进社会大课堂。

4. 其他主流开发环境的安装与配置

（1）Anaconda

Anaconda 是一款方便的 Python 包管理和环境管理软件，预装了许多常用的 Python 库，包括 numpy、pandas 等。同时，Anaconda 捆绑了两个好用的交互式代码编辑器 Spyder 和 Jupyter Notebook。

Jupyter Notebook 是基于网页的用于交互计算的应用程序，可被应用于全过程计算、开发、编写文档、运行代码、展示结果等。

Anaconda 的下载页面如图 0-4 所示。

（2）PyCharm

PyCharm 是一款功能强大的 Python 编辑器，具有集成单元测试、代码检测、集成版本控制、代码重构、突出显示等功能，同时具有跨平台性。

PyCharm 有 Professional 和 Community 两个版本。Professional 表示专业版，需要付费使用；Community 表示社区版，可以免费使用，如图 0-5 所示。

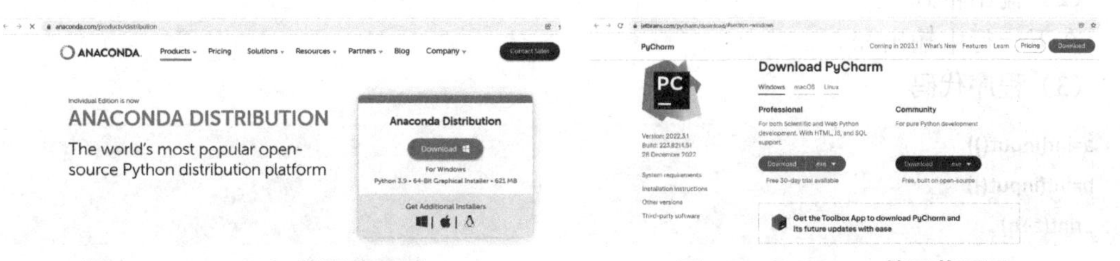

图 0-4 Anaconda 的下载页面　　图 0-5 PyCharm 的下载页面

三、实例解析

【实例 0-1】用 Python 打个招呼

编写一个 Python 程序，另存为 sl0-1.py。要求输入名字，在屏幕上显示“你好，名字”。

（1）问题分析

IDLE 是 Python 自带的集成开发环境，初学者可以利用它方便地创建、运行、测试、调试 Python 程序。

（2）基本步骤

① 启动 Python IDLE。

② 编辑程序，输入以下代码。

```
name=input("请输入名字：")
print(f"你好，{name}")                #第一个 Python 程序，用 Python 打个招呼
```

③ 运行程序。

```
请输入名字：张三
你好，张三
```

（3）思考与讨论

① Python 的内置函数 print( )用于输出数据，本例中的 print(f "你好，{name}")表示输出双引号中的字符串并自动换行。

② Python 中的字符串常量可以用双引号或单引号作为界定符。

③ 在 Python 中，“#”表示单行注释，即当前行从“#”开始都是注释。注释被编译器及解释器视作空白，但读程序的人可以看到。因此，添加必要的注释可以增强程序的可读性。配对使用的三个双引号（""""）或三个单引号（'''）用作多行注释。

④ 修改程序，输入以下代码，运行并分析结果。

```
import random
name=input("请输入你的名字：")
print(f"你好，{name}")
print("你今天的幸运随机数是：",random.choice(range(10)))
```

【实例 0-2】求两个整数的和

输入 2 个整数，输出它们的和。

（1）输入格式

在一行中输入加数，在另一行中输入被加数。

（2）输出格式

在下一行中输出和。

（3）程序代码

```
a=int(input())
b=int(input())
print(a+b)
```

（4）思考与讨论

① 内置函数 input( )用于输入一行数据并返回一个字符串，本例用 int( )将数据转换为整型。

② 赋值运算符“=”用于把右侧的值赋给左侧的变量，从而创建该变量。

③ 要在同一行中输入两个整数，需要对输入语句进行修改。请分析以下代码，比较输入方式的不同。

```
a,b=input().split()        #输入一个字符串并将其分割为两个字符串，分别赋值给变量 a、b
c=int(a)+int(b)            #把 a、b 转换为整数，相加并赋值给变量 c
print(c)                   #输出变量 c 的值
```

字符串的成员函数 split( )的功能是把字符串用空格分割为若干个字符串。

④ 将第 1、2 行合并，语句如下。此行代码通过内置函数 map( )把输入的数据转换为整型。

```
a,b=map(int,input().split())
```

【实例 0-3】按输入顺序输出信息

输入学生的信息，包括学号、姓名、邮箱账号、年龄、身高等，然后按输入的顺序输出学生信息。

（1）问题分析

① 用 input( )语句接收输入的信息。

② 将这些信息依次用变量保存起来，即为变量赋值。

③ 用 print( )语句依次输出这些值。

（2）基本步骤

① 启动 Python IDLE。

② 输入以下代码。

```
#依次输入学号、姓名、邮箱账号、年龄、身高
#储存在对应的变量 ID、name、email、age、height 中
ID = input("请输入你的学号：")
name = input("请输入你的姓名：")
email = input("请输入你的邮箱账号：")
age = input("请输入你的年龄：")
height = input("请输入你的身高：")
#按照输入顺序输出信息
print("你的学号是：",ID)
print("你的姓名是：",name)
print("你的邮箱账号是：",email)
print("你的年龄是：",age)
print("你的身高是：",height)
```

③ 运行程序，输出结果。

（3）思考与讨论

若要在输出数据后加上单位（年龄为“岁”，身高为“米”），应如何修改输出语句？

四、实验内容

1. 熟悉 Python 的开发环境 IDLE 的安装、配置、使用方法。

2. 启动 IDLE 中 Help 菜单下的 turtle 样例，研究自带的一些演示程序。clock 程序的运行结果如图 0-6 所示，forest 程序的运行结果如图 0-7 所示。

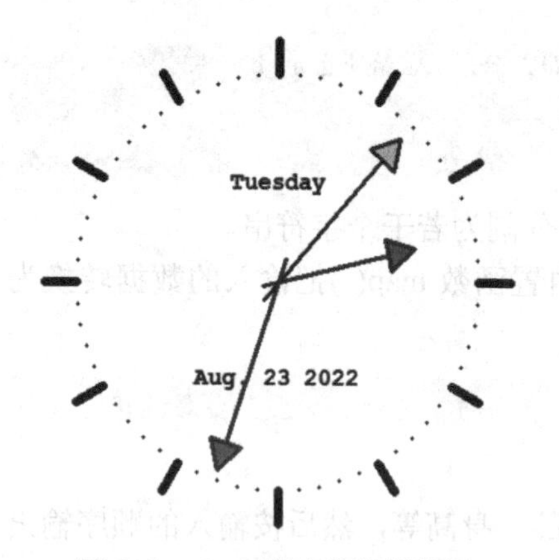

图 0-6　clock 程序的运行结果

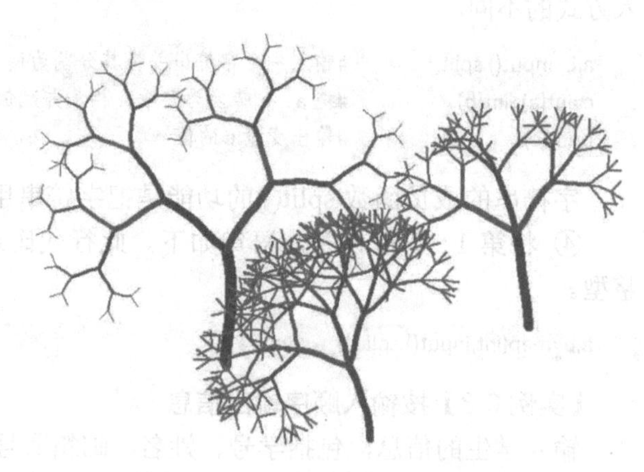

图 0-7　forest 程序的运行结果

3. 输入、执行以下命令。

```
>>>str="我爱北京天安门"
>>>str
'我爱北京天安门'
```

4. 输出月份和年份。

```
>>>import calendar
>>>cal=calendar.month(2023,3)
>>>print(cal)
>>>c=calendar.calendar(2023)
>>>print(c)
```

5. 安装 jieba 库，输入下列命令，观察 jieba 库实现的功能。

（1）进入命令行窗口。

（2）运行“pip install jieba”命令，安装 jieba 库。

（3）输入“Python”，在提示符“>>>”后输入下列命令，查看结果。

```
>>>import jieba
>>>text='本章实验要求：要求学生掌握 Python 语言开发环境的安装方法及第三方库的安装方法'
>>>words=jieba.lcut(text)
>>>print(words)
['本章','实验','要求','：','要求','学生','掌握','Python','语言','开发','环境','的','安装','方法','及','第三方','库','的','安装','方法']
```

6. 自行学习，尝试安装其他 Python 集成开发环境，如 PyCharm、Anaconda 等。体验新建项目、新建文件、保存文件、运行文件等操作，并观察控制台区域的代码运行结果。

7. 输入以下代码，观察结果。

```
import calendar
print(calendar.month(2023,2))
```

8. 输出 2023 年年历。

```
import calendar
textcal=calendar.TextCalendar()        #创建文本日历
textcal.pryear(2023)                   #输出 2023 年年历
```

拓展知识：Python 彩蛋

Python 的核心程序开发人员在软件内部设计了两个彩蛋，一个是 Python 之禅，另一个是搞笑网站，非常有趣。

（1）Python 之禅

在 Python Shell 中输入“import this”即可看到经典名句，其实这些经典名句也代表着研读 Python 的意境。

（2）搞笑网站

在 Python Shell 中输入“import antigravity”即可跳转到一个漫画网页，读者可以欣赏有关 Python 的趣味内容。

实验 1　数据的输入和输出

一、实验目的

1. 掌握 IPO 程序的编写方法。
2. 掌握 Python 程序中输入数据的方法。
3. 掌握 Python 程序中输出数据的方法。

二、知识要点

1. 输入函数

input( )函数用于获取用户输入的数据，并存储在指定的变量中，其基本格式如下。

```
变量=input([prompt])
```

prompt 参数是用于提示的文字。需要说明的是，在支持在线判题的程序设计类实验辅助教学平台（PTA）上，编写输入函数时一般不加 prompt 参数，以免干扰评判；但在实际项目开发过程中，一般会加上提示性信息，使程序具有更好的用户友好性。

input( )函数默认接收字符串类型，可以利用 eval( )函数转换成数值类型。另外，可以利用 map( )、split( )等函数的组合将多个数据分别赋给多个变量。

内置函数 map(func,序列)可以把一个函数依次映射到序列或迭代器对象的每个元素上，并返回一个 map 对象作为结果，map 对象中的每个元素是原序列中的对应元素经函数处理后的结果。

2. 输出函数

（1）print( )函数的基本格式如下。

```
print([object1,...][,sep=' '][,end='\n'])
```

（2）用“%”格式化输出内容的基本格式如下。

```
print("格式化文本"%(变量1,变量2,...,变量n)
```

（3）搭配 format( )函数进行格式化输出。

（4）Python 3.8 之后的版本支持用 f-string 格式输出。

三、实例解析

【实例 1-1】多次求两个整数之和

（1）输入格式

首先输入一个正整数 *N*，表示要测试的数据组数，然后输入 *N* 组数据。每组输入两个整数。

（2）输出格式

对于每组数据，输出一行，包含一个整数，表示输入的两个整数之和。

（3）输入样例

```
2
1 2
3 4
```

（4）输出样例

```
3
7
```

（5）问题分析

① 输入方式：a,b=input().split()，将 2 个数据用空格分开。

② 把输入的 2 个字符串转换为整型，才能进行加法运算。

（6）程序代码

```
#sl1-1.py
N=int(input())                  #输入测试组数 N
for i in range(N):              #从 0 到 N-1 共进行 N 次循环，注意最后应有冒号
    a,b=input().split()         #输入 2 个字符串
    c=int(a)+int(b)             #将 a、b 转换为整型并相加，把结果赋给 c
    print(c)                    #输出 c 的值
```

（7）思考与讨论

① 输入变量时，每个变量可以分开写，也可以合在一起写。

```
a,b=map(int,input().split())
```

② 在自己的计算机上运行时，并不需要一次性输入所有数据，再一次性输出所有结果，只要每组输入数据都得到相应的预期结果即可。

③ Python 的内置函数 range(N)相当于 range(0,N,1)，用于产生一个长度为 N 的数列。也就是说，for i in range(N)表示 i 从 0 到 N−1 共进行 N 次循环，每次循环执行“:”之后的若干语句构成的循环体。

④ 如果有多组测试数据，每组测试输入两个整数，当两个整数同时为 0 时，运行结束，应如何修改程序？

【实例 1-2】求两个整数的乘积

（1）输入格式

输入两个整数。

（2）输出格式

输出 a*b=c，其中 a、b 是输入的整数，c 是 a 与 b 的乘积。

（3）输入样例

```
2 5
```

（4）输出样例

```
2*5=10
```

（5）程序代码

```
#sl1-2.py
a,b=input().split()          #输入 2 个字符串
a=int(a)                     #把 a 转换为整型
b=int(b)                     #把 b 转换为整型
c=a*b                        #计算 a*b
print(f'{a}*{b}={c}')        #输出
```

（6）思考与讨论

① 输入变量和类型转换可以合在一起，代码如下。

```
a,b=map(int,input().split())
```

② 在格式化输出语句 print("%d*%d=%d"%(a,b,c))中，双引号中的是格式控制串，格式字符“d”对应整型数据，输出时替代“%d”的多个数据以逗号分隔，用小括号括起来，并置于“%”之后；而普通字符“*”和“=”直接写在双引号中，输出时会按原样输出。

③ format 格式的输出语句是 print("{0}*{1}={2}".format(a,b,c))，表示输出时把字符串"{0}*{1}={2}"中的三个参数{0}、{1}、{2}分别用成员函数 format( )的三个参数 a、b、c 的值代替，而普通字符“*”和“=”则按原样输出。

④ 若成员函数 format( )的三个参数仅用一次，则{ }中的参数序号（从 0 开始）可以省略，输出语句可改为 print("{}*{}={}".format(a,b,c))。

⑤ f-string 格式化输出语句为 print(f"{a}*{b}={c}")。

【实例 1-3】求圆的周长和面积

输入圆的半径，输出圆的周长和面积，要求结果保留 2 位小数。

（1）问题分析

输入圆的半径，利用公式计算圆的周长和面积。

（2）程序代码

```
#sl1-3.sy
r=eval(input('输入圆的半径：'))
c=2*3.14*r
s=3.14*r*r
print(f'圆的周长为：{c:.2f} 圆的面积为：{s:.2f}')          #保留 2 位小数，输出周长和面积
```

运行程序，输入半径，运行结果如下。

```
输入圆的半径：1
圆的周长为：6.28 圆的面积为：3.14
```

（3）思考与讨论

① 输入的圆的半径是字符串，要将其转化为数值型。内置函数 eval( )可以把参数（通常是由数字字符构成的字符串或其他类型的数据）转换为可计算的数据类型。

② 若题目要求更高精度的圆周率，则可以从数学模块 math 中导入 pi 进行计算，代码如下。

```
from math import pi
s=pi*r*r
```

【实例 1-4】时间的换算

输入小时数、分钟数、秒钟数，将其转化成秒钟数并输出。

（1）问题分析

设 3 个变量 hour、minute、second 分别表示小时数、分钟数、秒钟数。输入的数据是字符串，需要用 int( )函数转换为整型，才能进行数学运算。

（2）程序代码

```
#sl1-4.sy
hour=input('请输入小时数：')
minute=input('请输入分钟数：')
second=input('请输入秒钟数：')
seconds=int(hour)*60*60+int(minute)*60+int(second)
print(hour+'小时'+minute+'分'+second+'秒共有'+str(seconds)+'秒')
```

运行结果如下。

```
请输入小时数：1
请输入分钟数：2
请输入秒钟数：3
1 小时 2 分 3 秒共有 3723 秒
```

（3）思考与讨论

① 可以没有 int( )和 str( )函数吗？请调试程序，分析结果。

② 若输入格式改为小时数:分钟数:秒钟数，请修改程序。

```
time=input('请输入时间：')
hour,minute,second=time.split(':')
```

③ 输出格式可以改为 f-string 格式，代码如下。

```
hour,minute,second=map(int,input('请输入时间：').split(':'))
seconds=hour*60*60+minute*60+second
print(f'{hour}小时{minute}分{second}秒共有{seconds}秒')
```

四、实验内容

1. 在命令提示符后面依次输入下列语句，将输出结果写在横线处。

（1）标准输入函数 input( )

```
>>>from math import sqrt                    #从 math 库中导入 sqrt 函数
```

```
>>>x1,y1=input("请输入第 1 个点的坐标（用空格分隔）: ").split()
>>>type(x1)                                     #输出结果为：__________
>>>x1,y1=float(x1),float(y1)                    #将变量 x1、y1 强制转换为 float 类型
>>>type(x1)                                     #输出结果为：__________
>>>x2,y2=input("请输入第 2 个点的坐标（用逗号分隔）: ").split(',')
>>>x2,y2=float(x2),float(y2)                    #将 x2、y2 强制转换为 float 类型
>>>dis=sqrt((x1-x2)**2+(y1-y2)**2)              #计算两点之间的距离
>>>print(f"{dis:.2f}")                          #输出两点间的距离(结果保留 2 位小数)
```

（2）标准输出函数 print( )

```
>>>from datetime import datetime
>>>year=datetime.now().year
>>>name="中国共产党"
>>>print(f"今年是{name}成立{year-1921}周年")      #输出结果为：__________
```

2. 调试以下程序，分别输入 1 和 2，分析程序的运行结果。

```
a=int(input())
b=int(input())
print(a,b)
a,b=b,a
print(a,b)
```

3. 在同一行中依次输入三个浮点数 a、b、c，用空格分开，输出 $b\times b-4\times a\times c$ 的值。

4. 输入 2 个字符串，将其合并成 1 个字符串后输出。

5. 输入直角三角形的 2 个直角边的边长，计算斜边的边长，保留 2 位小数。

6. 计算两个点的曼哈顿距离和切比雪夫距离。

曼哈顿距离是欧几里得空间的直角坐标系上两点形成的线段对轴产生的投影之和。切比雪夫距离是两点横、纵坐标差的最大值。以 $A(x_1,y_1)$ 和 $B(x_2,y_2)$ 两点为例，$a=|x_2-x_1|+|y_2-y_1|$，b 是 $|x_2-x_1|$ 和 $|y_2-y_1|$ 的最大值。

现给出 A、B 两点的坐标（x_1、y_1、x_2、y_2 的取值范围为−100～100），坐标值为整数，x 和 y 用逗号隔开，A、B 各占 1 行，请计算 a 和 b（用空格分隔两个数字）。

7. 输入一个字符，若是大写字母，将其转换成小写字母；若是小写字母，将其转换成大写字母；若是其他字符，按原样输出。

8. 计算训练时间。

学校要举办运动会了，小明要参加游泳比赛。有一天，小明给自己的训练进行了精确的计时（按 24 小时制计算），他发现自己从 a 时 b 分一直游到当天的 c 时 d 分，请计算他这天一共游了多长时间？

提示：用两个形如“a:b”“c:d”的字符串表示时间，计算这一天一共游了多少小时和多少分钟。

9. 输入一元二次方程的二次项、一次项、常数项的系数 a、b、c（其中 $a\neq0$），计算并输出 2 个实根。若没有实根，输出“无实根!”。

思考：如果是虚根，如何用复数表示？

10. 输入 n（$n\geqslant10$），求 1+2+...+n。

11. 输入 n，求 6+66+666+...+666...666（最后一项为 n 个 6）。

拓展阅读：程序设计风格

程序设计风格决定了程序的外观样式和编程习惯。程序的一个重要作用是给人看、给人用。人们从程序设计实践中取得了共识，即程序必须具有良好的程序设计风格，这样才能保证程序有良好的正确性、有效性、可读性、可测性、易维护性。

Python 官网给出了 Python 编码规范（Style Guide for Python Code），采用 PEP 8 作为编码规范，其中 PEP 是 Python Enhancement Proposal（Python 增强建议书）的缩写，8 代表 Python 代码的样式指南（8 号），包括适当的注释、命名习惯、程序编排等。读者要多体会其中的内涵，在编程实践中多加练习，提高编程水平。

代码总是要给人看的，可读性往往跟健壮性的要求一样高。良好的编码习惯是提高编程能力的基础。

实验 2　turtle 绘图

一、实验目的

1. 掌握 turtle 库的主要函数和用法。

二、知识要点

Python 的标准库很多，主要有 math 库、turtle 库、random 库、time 库等。下面主要介绍 turtle 库的含义和作用。

turtle（海龟）库是 Python 语言中一个很流行的绘制图形的函数库，用于绘制线、圆及其他形状。可以把用 turtle 库绘图理解成一只海龟在坐标系统中爬行，其爬行轨迹形成了绘制的图形。用户可以控制海龟的位置、方向，以及画笔的状态、宽度、颜色等，图形绘制的过程十分直观。

turtle 库需要先导入才能使用，导入和使用的方式如下。

（1）先用“import turtle”语句导入库，之后可以用“turtle.函数名( )”的形式使用库。

（2）先用“from turtle import *”语句导入库，然后可以直接用“函数名( )”的形式使用库，无须加库名。

（3）先用“import turtle as t”语句导入库，此时为库准备了别名 t，故可以用“t.函数名( )”的形式使用库。

1. 画布设置

```
turtle.setup(width,height,startx,starty)
```

setup( )函数的 4 个参数分别表示窗口宽度、窗口高度、窗口左上角在计算机屏幕中的横坐标和纵坐标。

2. 画笔的基本参数设置函数

画笔的基本参数设置函数如表 2-1 所示。

表 2-1 画笔的基本参数设置函数

方法	功能
pensize(width)	设置画笔宽度； 单位是像素
pencolor(color)	设置画笔颜色； 若无参数，则返回当前的画笔颜色
penup( )	提起画笔，用于移动画笔位置； 与 pendown( )配合使用
pendown( )	放下画笔，移动画笔将绘制图形
speed(speed)	设置画笔移动速度； speed 为 0～10 的整数

3. 画笔运动命令函数

画笔运动命令函数如表 2-2 所示。

表 2-2 画笔运动命令函数

方法	功能
forward(distance)	向当前方向移动 distance 像素
backward(distance)	向相反方向移动 distance 像素
right(angle)	向右（顺时针方向）转动 angle 角度
left(angle)	向左（逆时针方向）转动 angle 角度
goto(x,y)	将画笔移动到坐标为(x,y)的位置
circle(radius,extent,steps)	画圆弧； radius 参数用于设置半径； extent 参数（可选）用于设置弧的角度（缺省则绘制整圆）； steps 参数（可选）用于确定绘制的正多边形边数，若 steps=3，则绘制正三角形
setx(x)	将 x 轴移动到指定位置； 单位为像素
sety(y)	将 y 轴移动到指定位置； 单位为像素
setheading(angle)	设置当前方向为 angle 角度
home( )	将当前的画笔位置设置为原点
dot(r)	绘制一个指定直径和颜色的圆点

4. 画笔控制命令函数

画笔控制命令函数如表 2-3 所示。

表 2-3 画笔控制命令函数

方法	功能
fillcolor(colorstring)	设置填充颜色； 若无参数，则返回当前的填充颜色
color(color1,color2)	同时设置 pencolor= color1，fillcolor= color2
filling( )	返回当前是否在填充状态
begin_ fill( )	开始填充

（续表）

方法	功能
end_fill( )	结束填充
hideturtle( )	隐藏画笔
showturtle( )	显示画笔

5. 其他命令函数

其他命令函数如表 2-4 所示。

表 2-4 其他命令函数

方法	功能
clear( )	清空窗口，但画笔的位置和状态不会改变
reset( )	清空窗口，重置为起始状态
write(s)	写文本
mainloop( )或 done ( )	启动事件循环

三、实例解析

【实例 2-1】绘制红色五角星

（1）问题分析

可以一条线一条线地画，画五条线，绘制出五角星，也可以使用 for 循环。

（2）程序代码

```
#sl2-1.sy  绘制红色五角星
import turtle
turtle.hideturtle()              #隐藏画笔
turtle.speed(3)                  #设置画笔移动速度
turtle.pensize(5)                #设置画笔宽度
turtle.pencolor("red")           #设置画笔颜色
turtle.fillcolor("red")          #设置填充颜色
turtle.begin_fill()              #开始填充
for i in range(5):               #循环 5 次，每次画 1 条边
    turtle.forward(200)
    turtle.right(144)
turtle.end_fill()                #结束填充
```

所绘制的红色五角星如图 2-1 所示。

图 2-1 红色五角星

（3）思考与讨论

修改程序，使用 while 循环，代码如下。

```
import turtle as t                  #导入 turtle 库，并记为 t
t.pencolor("red")                   #设置画笔颜色
t.fillcolor("yellow")               #设置填充颜色
t.begin_fill()
while True:
    t.forward(200)                  #设置五角星的大小
    t.right(144)
    if abs(t.pos())<1:
        break
t.end_fill()
```

【实例 2-2】绘制循环圆

编写代码，画 36 个圆，每画完一个圆，旋转 90°，循环圆如图 2-2 所示。

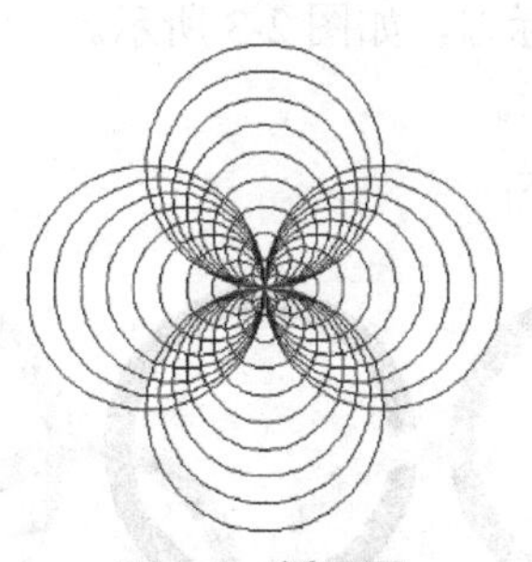

图 2-2　循环圆

（1）问题分析

编写函数 DrawCircle(n)，在循环语句块中调用。

t.circle(10)可以让小海龟（turtle）画出半径为 10 像素的圆。

（2）程序代码

```
#sl2-2.sy
import turtle as t
def DrawCircle(n):
    for i in range(4):
        t.circle(n)
        t.left(90)
t.pensize(1)                        #设置画笔宽度
t.speed(10)                         #设置画笔移动速度
for i in range(10,100,10):
    DrawCircle(i)                   #调用函数画圆
t.hideturtle()                      #隐藏画笔
t.done()
```

（3）思考与讨论

① 若 4 个方向的圆的颜色分别为红、绿、黄、蓝，如何修改程序？请阅读以下代码。

```
import turtle as t
```

```
t.color("red")
t.pensize(1)                          #设置画笔宽度
t.speed(10)                           #设置画笔移动速度
colors=['red','green','yellow','blue']
for i in range(36):
    t.pencolor(colors[i%4])
    t.circle(2*i)
    t.left(90)
t.hideturtle()
t.done()
```

② 将 t.left(90)改为 t.left(91)，比较所绘制的图形。

四、实验内容

1. 编写程序，绘制奥运五环标志，如图 2-3 所示。
2. 绘制五角星，如图 2-4 所示。
3. 绘制太阳花，如图 2-5 所示。

图 2-3 奥运五环标志

图 2-4 五角星

图 2-5 太阳花

4. 绘制多个圆的螺旋聚合，如图 2-6 所示。
5. 绘制分形树，如图 2-7 所示。

提示：画一棵树的方法和画树枝的方法是一样的，变化的是主干长度和方向。分形树由 Y 形树多次递归生成，因此可以使用递归算法。

6. 绘制国际象棋棋盘，如图 2-8 所示。
7. 绘制中国象棋棋盘，如图 2-9 所示。

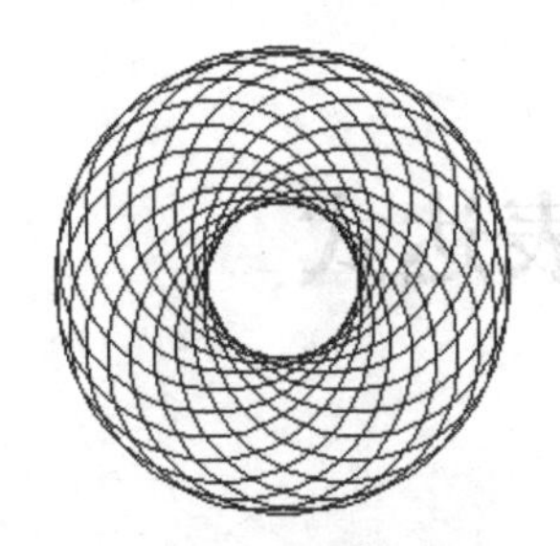

图 2-6 多个圆的螺旋聚合

图 2-7 分形树

图 2-8 国际象棋棋盘

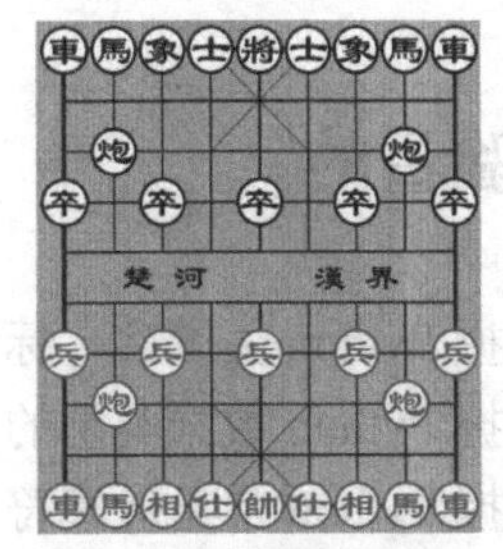

图 2-9 中国象棋棋盘

拓展阅读：分形

自然界中广泛存在着具有自相似性的形态，例如连绵的山川、飘浮的云朵、奇妙的植物、漂亮的图案等。20 世纪 70 年代，法国数学家伯努瓦·曼德勃罗把这种部分与整体相似的形状称为分形（Fractal），并创立了分形几何学。分形在医学、土力学、地震学和技术分析中都有应用。

一组分形艺术创作图片如图 2-10 所示。仔细观察，可以发现它们有一个共同的结构特点——是由“自己”组成的。

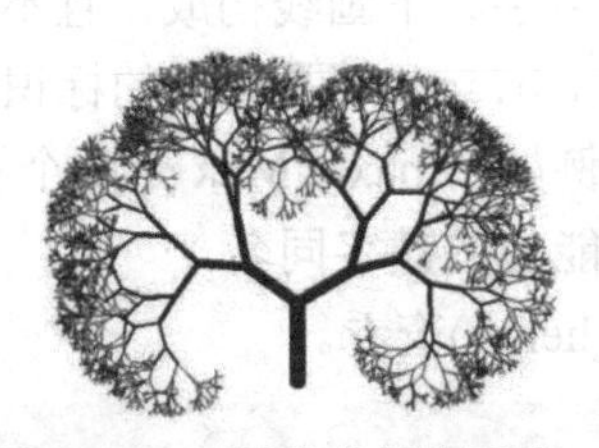

图 2-10 分形艺术创作图片

分形本质上是递归，分形图形可以使用递归算法实现。

科赫曲线（Koch Curve）是一种像雪花的几何曲线，所以又称为雪花曲线。请查阅科赫曲线的资料，了解用 turtle 库绘制科赫曲线的方法。

3 阶科赫曲线如图 2-11 所示。

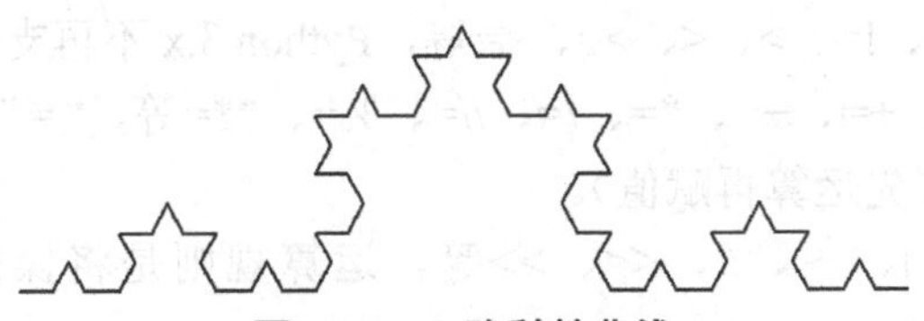

图 2-11 3 阶科赫曲线

实验 3　运算符与表达式

一、实验目的

1. 掌握 Python 关键字、标识符和变量的含义。
2. 掌握 Python 数据类型的含义和用法。
3. 掌握 Python 常见运算符和表达式的规则和用法。
4. 学会使用运算符、表达式求解简单的数学问题。
5. 熟悉常用的 Python 系统函数。

二、知识要点

1. 计算机程序要处理的数据必须放入内存中，Python 中的所有数据都是对象。变量是指向对象的引用，是在程序运行过程中值会发生变化的量。

2. Python 标识符通常用作变量、函数、类及其他对象的名称。

Python 标识符一般由字母、数字、下画线构成，且不能以数字开头。例如，a、A、_s、py_1 等是合法的标识符，而 1a、a b、a.b 等是非法的标识符。

标识符区分字母的大小写。例如，max、Max 是两个不同的标识符。

注意：用户自定义标识符不能与关键字同名。

关键字可通过调用内置函数 help( )查看。

```
>>>help()
help> keywords          #获得系统关键字
```

3. 表达式是可以进行计算的代码片段，由操作数和运算符构成。

Python 的运算符如下。

① 算术运算符有+、–、*、/、//、%、**等。其中“//”为整除运算，返回商的整数部分（向下取整）；“/”为普通除法运算，结果为浮点数。

② 比较运算符有==、!=、>、<、>=、<=等，Python 3.x 不再支持“<>”运算符。

③ 赋值运算符有=、+=、–=、*=、/=、//=、%=、**=等，“=”是基本赋值运算符，其他的是复合赋值运算符（先运算再赋值）。

④ 位运算符有&、|、～、^、<<、>>等，运算规则是将操作数转换为二进制数再进行按位运算。

⑤ 逻辑运算符有 and、or、not 等，运算结果为 True 或 False。

⑥ 成员运算符有 in、not in 等，用于测试指定序列中是否包含特定元素，运算结果为 True 或 False。

⑦ 身份运算符有 is、not is 等，用于判断两个标识符是否引用自同一个对象，运算结果为 True 或 False。

如果一个表达式中包含多个运算符，计算顺序取决于运算符的优先级和结合顺序。运算符优先级如表 3-1 所示。

表 3-1　运算符优先级

优先级	运算符	描述	备注
1	()	函数调用	math.sqrt(2)
	.	成员选择	math.pi
	[]	下标	a[0]
2	**	幂	2**4=16
3	～	按位取反	～2
4	+	正	+2
	−	负	−2
5	*	乘	2*8
			[1,2]*2=[1,2,1,2]
	/	除	5/2=2.5
	//	整除	5//2=2
	%	求余	5%2=1
6	+	加	2+8
	−	减	10−2
7	<<	左移	5<<2
	>>	右移	5>>2
8	&	按位与	2&3
9	^	按位异或	2^3
10	|	按位或	2|3
11	>、>=、<、<=、==、!=	关系运算	结果为 True 或 False
12	=及其复合形式	赋值运算及其复合运算	*=、/=、//=、%=、+=、−=、<<=、>>=、&=、^=、|=
13	is、is not	身份运算	若 x=y=1，则 x is y 为 True，x is not y 为 False
14	in、not in	成员运算	1 in range(5)为 True，0 not in [1,2,3]为 True
15	not	逻辑非	not x>2 为 True 或 False
16	and	逻辑与	x>2 and y<5 为 True 或 False
17	or	逻辑或	x>2 or y<5 为 True 或 False

注：优先级从高到低（1～17）

4. Python 提供了多种数据类型，主要有布尔型、数值型、字符串、列表、元组、字典、集合等。

5. 常用的系统函数如下。

Python 提供了丰富的函数，分为内置函数、标准库函数、第三方库函数。利用函数可以快捷、高效地求解问题。Python 提供了一些内置函数，这类函数不需要导入任何模块即可直接使用，主要用于完成一些运算符无法实现的运算功能。

在命令行窗口中输入 dir(__builtins__)，即可查看所有内置函数和内置对象。使用 help(函数名)即可查看某个函数的用法。

常用的内置函数有 I/O 函数、数学运算类内置函数、集合操作函数等。I/O 函数有 input( )、print( )、open( )等。

（1）主要的数学运算类内置函数

数学运算类内置函数可以根据用户提供的参数计算出相应的结果，进行一些基本的数学运算，如表 3-2 所示。

表 3-2 主要的数学运算类内置函数

函数	功能	示例	返回结果
abs(x)	计算 x 的绝对值	abs(−38)	38
divmod(x,y)	计算 x 除以 y 得到的商和余数	divmod(7,2)	(3,1)
pow(x,y)	计算 x 的 y 次幂	pow(2,3)	8
round(x[,n])	四舍五入取整，n 为可选参数，结果保留 n 位小数	round(12.306,2)	12.31
max(x1,x2,…,xn)	计算 x1,x2,…,xn 的最大值	max([2,8,6])	8
min(x1,x2,…,xn)	计算 x1,x2,…,xn 的最小值	min([2,8,6])	2
sum(iterable,start)	对数值型可迭代对象进行求和，再加上 start 参数；start 是相加的参数，如果没有设置这个值，默认为 0	sum([1,3,5,7],2)	18
		sum(range(10))	45

对以上函数的说明如下。

① 方括号中的是可选参数，可以根据程序的需求进行取舍。

② abs(x)函数用于计算绝对值，其参数必须是数值型。如果参数是一个复数，那么 abs(x)函数返回的绝对值是此复数与它的共轭复数乘积的平方根。

```
>>>abs(-5))                    #输出 5
>>>abs(-3.14))                 #输出 3.14
>>>print(abs(8+3j))            #输出 8.54400374531753
```

③ round(x[,n])函数是 Python 自带的一个函数，用于四舍五入取整。n 指定要保留的小数位数，如果该参数为 None 或省略，则返回一个整数。这个转换过程遵循“四舍六入五成双”的规则，即小于或等于 4 时舍去；大于或等于 6 时进位；如果是 5，则根据后面的数字来定。5 后面有数字时舍 5 进 1；5 后面无有效数字时，分为两种情况进行处理，若 5 前面为偶数则舍 5 进 1，若 5 前面为奇数则舍 5 不进位。

```
>>>round(1.5)                  #输出 2
>>>round(2.5)                  #输出 2
```

```
>>>round(9.215,2)            #输出 9.21
>>>round(9.2151,2)           #输出 9.22
```

（2）常用的 Python 内置函数

常用的 Python 内置函数如表 3-3 所示。

表 3-3 常用的 Python 内置函数

函数	功能	示例	返回结果
len(iterable)	返回序列对象（字符串、列表、元组等）的长度（元素个数）	b=[1,2,3,4,5]，len(b)	5
		len(range(10))	10
map(func,iterable)	根据提供的函数对指定序列进行映射	a,b,c=map(int,"12 24 56".split())	a 为 12，b 为 24，c 为 56
help(x,y[,z])	查看函数或模块的使用说明		
ord(obj)	返回字符的 Unicode 编码	ord('A')	65
		ord('a')	97
chr(obj)	与 ord(obj)函数相反，返回 Unicode 编码对应的字符	chr(65)	'A'
		chr(97)	'a'
str(obj)	返回 obj 对象转换而成的字符串	str(123.456)	'123.456'
bool(obj)	将其他类型转化为布尔型，obj 为真时，返回 True，否则返回 False	bool(3)	True
		bool(0.0)	False
eval('x+y')	计算字符串中有效的表达式	eval('3+5')	8
filter(x1,x2,…,xn)	用于过滤序列，返回由符合条件的元素组成的新列表	func=lambda x:x%2 result=filter(func,[1,2,3,4,5]) print(list(result))	[1,3,5]

请扫描右侧二维码阅读更详细的用法和示例。

Python 内置函数

（3）常用的标准库函数

① math 库。math 库能支持包括整数和浮点数在内的所有数值型的运算。math 库中常用的算术运算函数如表 3-4 所示。

表 3-4 math 库中常用的算术运算函数

函数	描述	数学表示
math.e	表示自然对数底数	e
math.pi	表示圆周率	π
math.sin(x)	返回 x 的正弦值	sin*x*
math.asinx)	返回 x 的反正弦值	arcsin*x*
math.cos(x)	返回 x 的余弦值	cos*x*
math.acos(x)	返回 x 的反余弦值	arccos x
math.tan(x)	返回 x 的正切值	tan*x*
math.atan(x)	返回 x 的反正切值	arctan*x*
math.fabs(x)	返回 x 的绝对值	|*x*|

（续表）

函数	描述	数学表示
math.sqrt(x)	返回 x 的平方根	$\sqrt{x}$
math.log(x[,base])	返回以 base 为底数时 x 的对数值，只有 x 参数时返回 ln x	$\log_{base}x$ $\ln x$
math.log10(x)	返回以 10 为底数时 x 的对数值	$\log_{10}x$
math.pow(x,y)	返回 x 的 y 次幂	x^y
math.exp(x)	返回 e 的 x 次幂（e 是自然对数底数）	e^x
math.factorial(x)	返回 x 的阶乘	$x!$

② random 库。随机数可被用于数学、游戏及安全领域，还经常被嵌入算法中，以提高算法的效率和安全性。random 库中常用的函数如表 3-5 所示。

表 3-5 random 库中常用的函数

类型	函数	描述
种子	seed(a)	设置随机数种子，默认种子是系统时间
产生随机数	random( )	生成一个[0,1)范围内的随机小数
	uniform(x,y)	产生一个[x,y]范围内的随机浮点数
	randint(x,y)	产生一个[x,y]范围内的随机整数
	randrange(x,y[,z])	产生一个[x,y]范围内以 z 递增的集合中的随机数
序列类型相关	choice(x)	从序列 x 中随机返回一个元素
	sample(x,y)	从序列 x 中随机选择 y 个元素，以列表形式返回
	shuffle(x)	将列表 x 中的元素随机打乱排列

随机函数使用一个称为“种子”的值控制随机数的生成。“种子”一般是整数。只要种子相同，每次生成的随机数序列也相同。

请扫描右侧二维码阅读更详细的用法和示例。

标准库函数

三、实例解析

【实例 3-1】计算复利利息

根据存款金额 m（正整数）、存期年限 y（正整数）、年利率 r（浮点数）计算到期的利息 p（不含本金），结果保留 2 位小数。复利利息的计算公式为 $p=m\times(1+r)^y-m$。

（1）输入格式

在第一行中输入一个正整数 m（$0<m<1000000$），在第二行中输入一个正整数 y（$0<y<100$），在第三行中输入一个浮点数 r（$0<r<0.5$）。

（2）输出格式

输出一个浮点数，保留 2 位小数。

（3）输入样例

```
10000
```

```
5
0.025
```

（4）输出样例

```
1314.08
```

（5）问题分析

计算 x 的 y 次幂可以用算术运算符“**”，即表示为 x**y；也可以用数学函数 pow( )，即表示为 pow(x,y)。

（6）程序代码

```
#sl3-1.py
m=int(input())
y=int(input())
r=eval(input())
p=m*(1+r)**y-m
print(f'{p:.2f}')
```

（7）思考与讨论

① 若用普通计息方式，不考虑复利（普通利息的计算公式为 $p=m\times r\times y$），请比较两种计息方式的利息差。

② 请检索银行 1 年定期和 5 年定期的存款利率。现假定存入 10000 元，存款到期后立即将利息与本金一起存入。请编写程序计算按每次存 1 年和每次存 5 年的方式，20 年后两种存款方式的得款总额。

```
profit1 = 0.018                    #假定 1 年定期的存款利率为 1.8%
profit5 = 0.042                    #假定 5 年定期的存款利率为 4.2%
capital = 10000                    #假定存入 10000 元
for i in range(20):
    capital += capital*profit1
print(f'方案 1：20 年后本金、利息总和为：{capital:.2f}')
capital = 10000
for i in range(4):
    capital += capital*profit5*5
print(f'方案 2：20 年后本金、利息总和为：{capital:.2f}')
```

（8）运行结果

```
方案 1：20 年后本金、利息总和为：14287.48
方案 2：20 年后本金、利息总和为：21435.89
```

【实例 3-2】整数的逆序输出

输入一个正整数，求出它是几位数，并逆序输出这个整数（如果原数字的末尾是 0，则逆序输出时去掉 0）。

（1）问题分析

因为不知道是几位数，因此用除以 10 并求余数的方法循环求出各位数字，同时统计位数，再依次乘以 10，求出逆序数。

（2）程序代码

```
#sl3-2.py
n = int(input("Enter a number:"))
m = n
s = 0
count=0
while n != 0:
    s = s * 10 + n % 10
    n //= 10
    count += 1
print(count)
print(f'reversed({m})= {s}')
```

（3）输出结果

```
Enter a number:1234
4
reversed(1234)= 4321
```

（4）思考与讨论

① 输入一个三位整数，要逆序输出这个整数，可以直接通过求个位数、十位数、百位数解决。

② 若输入一个负整数，符号位不变，而把数字倒过来，如何求出逆序数？

③ 输入 *n* 个数，然后把这 *n* 个数逆序输出，每两个数之间留一个空格。应如何设计程序？

【实例 3-3】天天向上的力量

一年有 365 天，以第 1 天的能力值（记为 1.0）为基数，好好学习时能力值比前一天提高 1%，不学习时由于遗忘等原因能力值比前一天下降 1%。每天好好学习和每天不学习，一年后能力值相差多少？

（1）问题分析

幂运算应使用“**”运算符，不能用“^”，因为在 Python 中“^”表示异或。

（2）程序代码

```
print((1 + 0.01)**365)
print((1 - 0.01)**365)
```

（3）输出结果

```
37.78343433288728
0.025517964452291125
```

（4）思考与讨论

① 由运行结果可以看出，每天努力 1%，一年后将提高 37 倍左右。相当惊人吧！这就是天天向上的力量。

- 分别将比率改为 1%、5%，计算结果将如何改变？
- 一年有 365 天，一周有 5 个工作日，如果每个工作日都很努力，每天可以提高 1%，仅在周末放任两天，能力值会每天下降 1%，计算结果将如何改变？

● 如果每周工作 5 天，休息 2 天，休息一天能力值下降 1%，工作日要努力到什么程度一年后的水平才能与每天努力 1%所取得的效果一样？

② 可以使用 math 库中的 pow(x,y) 函数进行幂运算，代码如下。

```
action = math.pow((1+0.01),365)          #好好学习 365 天
inaction = math.pow((1-0.01),365)        #懒惰懈怠 365 天
```

③“三天打鱼，两天晒网”常用来比喻一个人对学习或工作没有恒心，经常中断，不能长久坚持。如果将 1.0 作为能力值的基数，好好学习一天则能力值比前一天提高 1%，懒惰懈怠一天则能力值比前一天下降 1%。每周五个工作日中的前三天进步，后两天退步，则一年后的能力值计算如下。

```
import math
action = math.pow((1+0.01),3)                          #三天打鱼
inaction = math.pow((1-0.01),2)                        #两天晒网
result = math.pow((action*inaction),(365/5))           #五天后的能力值变为 action*inaction，共有 365/5 个五天
print("一年后能力值变为：",result)
```

输出结果如下。

```
一年后能力值变为：2.037601584335477
```

可以看出，365 天后能力值变为原来的约 2.0376 倍，与 37.78 倍相差甚远。愿读者都能不断地学习积累，最终取得理想的成绩。

本例也可以用下面的公式计算，请将下列公式转换为代码进行验证。

$$(1.0+0.01)^3 \times (1.0-0.01)^2 < (1.0+0.01)$$

拓展阅读

“积跬步以至千里，积怠惰以致深渊”，事在人为，努力就有收获，每天前进一小步，一年下来就跨了一大步；如果每天落后一小步，一年下来就有非常大的差距。

只有做好点点滴滴，才会取得最终的成功。没有进取心，不努力，不正如慢慢坠入深渊、无法看到光明吗？

四、实验内容

1. 在 IDLE 中依次输入下列语句，将输出结果填写在横线处，理解常用表达式和内置函数的使用方法。

```
>>>x,y=10,20
>>>2+5**-1*abs(x-y)              #输出结果为：____________
>>>8**(1/3)/(x+y)                #输出结果为：____________
>>>divmod(x,y)                   #输出结果为：____________
>>>int(pow(x,x/y))               #输出结果为：____________
>>>round(pow(x,x/y),4)           #输出结果为：____________
>>>sum(range(0,10,2))            #输出结果为：____________
```

```
>>>100/y%x                              #输出结果为：____________
>>>x>y and x%2==0 and y%2==1            #输出结果为：____________
```

2. 调试以下程序，分别输入 123 和 456，分析程序的运行结果。

```
n=eval(input("输入 1 个 3 位数："))
a=n//100
b=n//10%10
c=n%10
print(f'3 位整数分别为：{a,b,c}')
```

3. 模拟商家收银时的抹零行为。

在超市结账时，商家会给顾客一张小票，票面上的金额往往精确到角或分。有的商家为了让利顾客，会将小数点后面的数字全部抹零。抹零行为可通过浮点数和整数的转换实现。

使用 input( )函数依次录入金额，金额用浮点数表示。录入所有选购的商品后，对这些金额进行相加运算，得到一个浮点数，再转化为整数。

有的商家会采用四舍五入的原则进行结算，请编写这样的程序。请问商家这种行为合法吗？

4. 输入 1 个自然数，输出各位数字之和。

可使用 map( )函数将每个字符依次映射为整型，然后使用 sum( )函数求和。

5. 编写程序，判断输入的年份是闰年还是平年（闰年的条件是：年份可以被 4 整除但不能被 100 整除，或者能被 400 整除）。

6. 给定三角形三条边的边长，求三角形的面积。

海伦公式：$s=\sqrt{x(x-a)(x-b)(x-c)}$，其中 $x=\dfrac{1}{2}(a+b+c)$。

7. 输入一个正整数 n（奇数，$13\leqslant n\leqslant 101$），计算 11+13+15+…+$n$ 的值。

8. 一张纸的厚度是 0.3 毫米，假如能连续对折，那么对折 n 次后厚度是多少？对折多少次后，纸的厚度会超过珠穆朗玛峰的高度？

9. 已知一只气球最多能充 v 升气体，如果气球内的气体超过 v 升，气球就会爆炸。小明每天吹一次气，每次吹进 m 升气体。由于气球会慢慢漏气，到了第 2 天早上，发现少了 n 升气体。若小明每天早上吹一次气，请编写程序，计算第几天气球会被吹爆（要求输入的 v 和 m 大于 0，n 大于或等于 0，并且 m 大于 n，否则输出“Invalid”）？

10. 一个富翁与陌生人做一笔换钱生意，规则为：陌生人每天给富翁 10 万元，直到满一个月（30 天），而富翁第一天给陌生人 1 分，第二天给 2 分，第三天给 4 分……富翁每天给陌生人的金额是前一天的 2 倍，直到满一个月。编程计算富翁给陌生人的总金额和陌生人给富翁的总金额。

11. 四位数 3025 具有特殊性质，它的前两位数字 30 与后两位数字 25 的和是 55，而 55 的平方正好等于 3025。请编程列举出其他具有该性质的四位数。

12. 以下程序可以模拟用蒙特卡罗法计算圆周率的近似值，请查阅蒙特卡罗法的计算原理，阅读程序，进行测试、分析。

```
from random import random
times=int(input("请输入掷飞镖的次数："))
hits=0
```

```
for i in range(times):
    x=random()
    y=random()
    if x*x+y*y<=1:
        hits+=1
print("击中次数",hits)
print("圆周率近似值",4*hits/times)
```

提示：在一个正方形内产生大量随机点，计算每个点到正方形顶点的距离，判断该点是否在圆内，在圆内的概率乘以 4 就是圆周率。

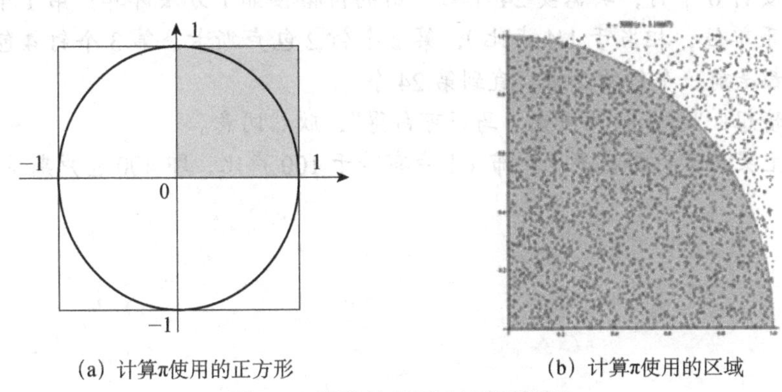

(a) 计算π使用的正方形　　(b) 计算π使用的区域

图 3-1　用蒙特卡罗法计算圆周率

13. 宰相的麦子。

相传舍罕是古印度的国王，他十分爱玩游戏。宰相达依尔为了讨好国王，发明了国际象棋献给国王。国王非常喜欢这款游戏，于是决定嘉奖达依尔，许诺可以满足达依尔提出的任何要求。达依尔指着国王面前的棋盘提出了要求："陛下，请您按照棋盘的格子赏赐我一点麦子吧，第 1 个小格赏我一粒麦子，第 2 个小格赏我两粒，第 3 个小格赏四粒，以后每一小格都比前一个小格赏的麦粒数增加一倍，只要把 64 个小格按这样的方法得到的麦粒都赏赐给我，我就心满意足了。"国王听了达依尔这个"小小"的要求，想都没想就满口答应下来。如果这时你在国王旁边，你会不会劝国王别答应，为什么？

请编程计算国王要赏赐多少粒麦子。

与古代相比，现代社会的生产力水平有了极大提高，2022 年我国全年粮食产量是 68653 万吨。假设 1 千克麦子有 50000 粒，请编程计算我国 2022 年粮食总产量（按全部是麦子计算）能放满棋盘的多少格。

14. 4 个人中有 1 个人打碎了花瓶。A 说不是自己，B 说是 C，C 说是 D，D 说 C 撒谎。已知有 3 个人说了真话，请根据以上对话判断谁打碎了花瓶。

15. 编写程序，读取用户输入的总金额，输出表示该金额所需的最小纸币张数和硬币个数，从最大金额开始输出。假设纸币的种类有十元、五元、一元，硬币的种类有五角、一角、两分、一分。

16. 输入 a、b、c 的值（其中 a 不等于 0），求解一元二次方程 $ax^2+bx+c=0$，包括虚根。

拓展知识：宰相的麦子

第 13 题给了我们一些人生的启示。

俗话说："豆腐不要打老，大话不要说早"。很多人经常大言不惭、夸夸其谈，但真正能兑现的却寥寥无几。印度的舍罕自认为是一国之君，没有他办不成的事，但他最终失算了。君子一言，驷马难追，可惜贵为国王的舍罕还是要自食其言了。

所以，我们说话办事都要三思而后行，在拿不准的情况下还是好好领会一下唐朝大文学家韩愈的名言警句"行成于思毁于随"吧！

失算的另一案例是"买马掌钉"。某人以156卢布的价格卖出一匹马，成交后，买主后悔了并向卖主说："我上当了，你的马不值这个价格。"

这时卖主提出另一笔交易："既然你嫌马太贵，那么你买马掌钉好了，这匹马就白送你。每个马掌要钉6个钉，共需要24个钉。钉的价格按如下方法计算：第1个钉1包卢斯卡（俄罗斯货币单位，相当于1/4卢比），第2个钉2包卢斯卡，第3个钉4包卢斯卡……每个钉的价格都是前一个钉的2倍，直到第24个。"

买主听后暗想："钉子如此便宜，马还可白得"，欣然同意。

请问：买主买马掌钉要花多少卢布（1卢布等于100卢比，即400包卢斯卡）？

实验4　字符串

一、实验目的

1. 理解序列的基本概念。
2. 掌握常用的通用序列操作。
3. 理解字符串的概念。
4. 掌握字符串的常见操作方法。
5. 了解正则表达式的构造和使用方法。

二、知识要点

1. 序列

Python 的序列包括字符串（str）、列表（list）、元组（tuple）、range 对象。其中字符串、元组、 range 对象是不可变序列类型，列表是可变序列类型。

序列的元素可以通过索引访问，第一个元素的索引为 0，第二个元素的索引为 1，以此类推；也可以反向访问，反向访问的索引是负数，如表 4-1 所示。

表 4-1　正向索引和反向索引

季节	春	夏	秋	冬
正向索引	0	1	2	3
反向索引	−4	−3	−2	−1

序列操作符及其应用如表 4-2 所示（假设 s=“Hello”、t=“Python”）。

表 4-2　序列操作符及其应用

操作符	描述	示例	结果
x in s	如果 x 是 s 的元素，返回 True，否则返回 False	"e" in s	True
x not in s	如果 x 不是 s 的元素，返回 True，否则返回 False	"He" not in s	False
s+t	连接 s 和 t	s+t	"HelloPython"
s*n 或 n*s	将序列 s 重复 n 次，生成一个新序列	s*2 或 2*s	"HelloHello"

（续表）

操作符	描述	示例	结果
s[i]	引用序列 s 中索引为 i 的元素	s[1]	"e"
s[i:j]或 s[i:j:k]	引用序列 s 中索引为 i 到 j-1 的子序列（切片），步长为 1 或 k	s[0:2]	"He"

2. 常用的序列操作函数

常用的序列操作函数如表 4-3 所示（假设 s=“HelloPython”）。

表 4-3　常用的序列操作函数

函数	描述	示例	结果
del(s)或 del s	删除 s	del(s)或 del s	
len(s)	计算序列 s 的元素个数（序列的长度）	len(s)	11
min(s)	计算序列 s 的最小元素	min(s)	"H"
max(s)	计算序列 s 的最大元素	max(s)	"y"
s.index(x,i,j)	x 在切片 s[i:j]中首次出现时的索引；若省略 i、j，则返回 x 在整个序列中首次出现时的索引	s.index("o")	4
		s.index("o",6,10)	9
s.count(x i,j)	计算 x 在序列切片 s[i:j]中出现的次数；若省略 i、j，则返回 x 在整个序列中出现的次数	s.count("o")	2
		s.count("o",6,10)	1

3. 字符串序列

字符串是一种常见的序列，包含若干个字符（用双引号或单引号界定），通过下标或序号引用字符串中的各个字符。

需要注意的是，字符串是不可变对象，所以不能给字符串中的各个元素（项）赋值。

4. 字符串的常用操作

可以通过关系运算符直接比较字符串的大小，也可以用运算符“+”连接字符串、通过切片取子串、用运算符“*”生成新字符串等。

字符串的很多操作都可以通过成员函数实现，部分常用的成员函数如表 4-4 所示（设 s=“Accepted”、t=“123456789”、subs=“ed”）。

表 4-4　部分常用的成员函数

成员函数	描述	示例	结果
lower( )	将字符串中的字母转换为小写字母	s.lower()	"accepted"
upper( )	将字符串中的字母转换为大写字母	s.upper()	"ACCEPTED"
capitalize( )	将字符串的第一个字母转换为大写字母，将其他字母转换为小写字母	subs.capitalize()	"Ed"
isalpha( )	判断字符串是否全为字母，是则返回 True，否则返回 False	s.isalpha()	True

（续表）

成员函数	描述	示例	结果
isdigit( )	判断字符串是否全为数字，是则返回 True，否则返回 False	t.isdigit()	True
islower( )	判断字符串是否全为小写字母，是则返回 True，否则返回 False	s.islower()	False
isupper( )	判断字符串是否全为大写字母，是则返回 True，否则返回 False	s.isupper()	False
find(x[,start[,end]])	只有 x 参数时，在字符串中查找子串 x，返回首次出现的位置； start 和 end 为可选参数，表示查找范围为[start,end-1]，找不到则返回-1	s.find(subs)	6
		t.find("506")	-1
strip( )	删除字符串的首尾字符	"*zust*".strip("*")	"zust"
replace(old,new[,n])	用 new 子串替换 old 子串； 可选参数 n 表示最多替换 n 次	t.replace("5"," ")	"1234 6789"
split([x])	将字符串以指定字符 x 为分隔符，拆分成多个子串构成的列表； 不带参数时，默认分隔符为空格	t.split("5")	"1234","6789"
count(x[,start[,end]])	统计子串 x 在字符串的[start,end-1]区间中出现的次数	t.count("5")	1
c.join(iterable)	根据分隔符 c 把可迭代对象 iterable 中的元素拼接为一个字符串	" ".join(t.split("5"))	"12346789"

5. 正则表达式

（1）正则表达式简介

正则表达式（Regular Expression）是一种特殊的字符序列，它定义了字符串的匹配模式。Python 解释器在 re 模块中实现了正则表达式的功能，常用的元字符如表 4-5 所示。

表 4-5　常用的元字符

<table>
<tr><th>元字符</th><th>说明</th><th>正则表达式</th><th>字符串</th><th>匹配结果</th></tr>
<tr><td>.</td><td>匹配除换行符之外的任意字符串</td><td>a.c</td><td>abca2c</td><td>abc，a2c</td></tr>
<tr><td>*</td><td>匹配“*”之前的字符出现 0 次或多次的字符串</td><td>abc*</td><td>ababcabcc</td><td>ab，abc，abcc</td></tr>
<tr><td>+</td><td>匹配“+”之前的字符出现 1 次或多次的字符串</td><td>abc+</td><td>ababcabcc</td><td>abc，abcc</td></tr>
<tr><td>|</td><td>匹配“|”之前或之后的字符串</td><td>ab|cd</td><td>abcd</td><td>ab，cd</td></tr>
<tr><td>^</td><td>匹配以“^”后面的字符开头的字符串</td><td>^abc</td><td>abccc</td><td>abc</td></tr>
<tr><td>$</td><td>匹配以“$”之前的字符结束的字符串</td><td>abc$</td><td>aaabc</td><td>abc</td></tr>
<tr><td>?</td><td>匹配“？”之前的 0 个或 1 个字符</td><td>Abc?</td><td>Ababc</td><td>Ab</td></tr>
<tr><td>\</td><td>表示位于“\”之后的为转义字符</td><td>a\.c</td><td>a.cde</td><td>a.c</td></tr>
<tr><td>\d</td><td>匹配任何数字，相当于[0～9]</td><td>a\dc</td><td>a2cabc</td><td>a2c</td></tr>
<tr><td>\w</td><td>匹配任何字母、数字及下画线，相当于[a～z、A～Z、0～9_]</td><td>a\wc</td><td>abca2c</td><td>abc，a2c</td></tr>
<tr><td>{m}</td><td>匹配“{ }”前的字符出现 m 次的字符串</td><td>ab{2}c</td><td>abcabbc</td><td>abbc</td></tr>
<tr><td>{m,n}</td><td>匹配“{}”前的字符出现 m～n 次的字符串</td><td>ab{1,2}c</td><td>abcabbcde</td><td>abc，abbc</td></tr>
</table>

（续表）

元字符	说明	正则表达式	字符串	匹配结果
[ ]	匹配[ ]中的任意一个字符	a[bcd]e	abeade	abe，ade
[a-c]或[abc]	匹配指定范围内的任意字符	[a-c]	abcde	a，b，c
[^a-c]或[^abc]	反向字符集，匹配指定范围以外的任意字符	[^a-c]	abcde	d，e

匹配标志能改变正则表达式的匹配行为，re模块支持的匹配标志如表4-6所示。

表4-6 re模块支持的匹配标志

简称	长名称	效果
re.I	re.IGNORECASE	匹配时不区分字母大小写
re.M	re.MULTILINE	使用^和$匹配多行
re.S	re.DOTALL	使点“.”匹配换行符
re.X	re.VERBOSE	允许使用空格和注释
-	-DEBUG	使解析器在控制台显示测试信息
re.A	re.ASCII	指定匹配的ASCII编码
re.U	re.UNICODE	指定匹配的Unicode字符（默认）
re.L	re.LOCALE	根据本地字符集匹配字符

（2）正则表达式的使用

re模块是Python的标准库，主要用于匹配字符串。re模块中的常用方法如表4-7所示。

表4-7 re模块中的常用方法

方法名	功能描述
compile(pattern[,flags])	创建模式对象
search(pattern,string[,flags])	在整个字符串中进行匹配，返回匹配对象或None
match(pattern,string[,flags])	从字符串的开头进行匹配，返回匹配对象或None
findall(pattern,string[,flags])	列出字符串中所有匹配项
split(pattern,string[,maxsplit=0])	根据匹配项分隔字符串
sub(pat,repl,string[,count=0])	将字符串中所有匹配项用repl替换
escape(string)	将字符串中所有正则表达式元字符转义

（3）正则表达式的测试

除了Python，正则表达式的测试还可以使用第三方工具，特别是在线工具。

三、实例解析

【实例4-1】提取身份证号码中的信息

编写程序，输入一个身份证号码，输出性别、出生日期、年龄。

（1）输入样例

```
110101200104057856
```

（2）输出样例

```
男
您的出生日期是 2001 年 04 月 05 日
您的年龄是 22
```

（3）问题分析

① 二代身份证号码有 18 位，从左到右依次为 6 位地址码、8 位出生日期码、3 位顺序码、1 位校验码。可以用字符串的切片来提取相关数据，再用“+”将几个字符串拼接起来。

② 为了避免输入错误，首先应对输入数据进行合法性检验，使用 len( )函数计算字符串的长度并判断是否为 18 位。

③ 调用第三方库获得今年的年份（计算时要注意类型转换），代码如下。

```
from datetime import datetime
year = datetime.now().year
```

（4）程序代码

```
#sl4-1.py
from datetime import datetime
in_id = input()                                     # 输入一个字符串
if len(in_id)!= 18:                                 # 判断输入的字符串是否为 18 位
    print('输入的身份证号位数错')
else:
    y=int(in_id[16])
    if(y%2==1):
        print("男")
    else:
        print("女")
    year = in_id[6:10]                              #字符串中序号为 6～9 的子串表示年份
    month =in_id[10:12]                             #序号为 10、11 的子串表示月份
    day = in_id[12:14]                              #序号为 12、13 的子串表示日期
    print('您的出生日期是'+year+'年'+month+'月'+day+'日')          #将几个字符串拼接起来
    year = datetime.now().year
    age = year - int(in_id[6:10])
    print('您的年龄是' + str(age))
```

（5）思考与讨论

① 使用 isdigit( )函数判断字符串的前 17 位是否只由数字组成，应如何修改程序？

② 可以用一个变量表示出生日期，从而简化程序，代码如下。

```
birth = num[6:10] + '年'+ num[10:12] +'月'+ num[12:14]+ '日'
print('您的出生日期是' + birth)
```

【实例 4-2】按指定格式输出当天的日期

（1）输出样例

```
2023-4-20
```

```
2023/4/20
2023 年 4 月 20 日
```

（2）问题分析

当天的年份、月份、日期可以通过 datetime 模块下的 datetime.now( ).year、datetime.now( ).month、datetime.now( ).day 得到，得到的是三个整数，可以根据 map( )函数将其转换成字符串，然后利用字符串的成员函数 join( )对其进行连接。

（3）程序代码

```
#sl4-2.py
from datetime import datetime
year = datetime.now().year
month=datetime.now().month
day=datetime.now().day
date=list(map(str,[year,month,day]))
date1='-'.join(date)
date2='/'.join(date)
date3=str(year)+'年'+str(month)+'月'+str(day)+'日'
print(date1)
print(date2)
print(date3)
```

【实例 4-3】统计大写字母、小写字母、数字、空格的个数

（1）输入格式

输入一行字符串。

（2）输出格式

第一行输出大写字母的个数。

第二行输出小写字母的个数。

第三行输出数字的个数。

第四行输出空格的个数。

（3）输入样例

```
Life is short，you need Python!
```

（4）输出样例

```
2
22
0
4
```

（5）程序代码

```
#sl4-3.py
line=input()
upper=0
lower=0
digit=0
```

```
    space=0
    for ch in line:
        if ch.isupper():
            upper+=1
        elif ch.islower():
            lower+=1
        elif ch.isdigit():
            digit+=1
        elif ch.isspace():
            space+=1
    print(upper)
    print(lower)
    print(digit)
    print(space)
```

（6）思考与讨论

① 要判断字符是否是大写字母、小写字母、数字、空格，可以用逻辑判断，也可以用字符串的 isupper( )、islower( )、isdigit( )、isspace( )函数判断。

② 如何统计字符串中其他字符的个数？

【实例 4-4】制作下载进度条

下载进度条可以实时显示计算机处理任务的进度，由已完成任务量和未完成任务量组成，如图 4-1 所示。

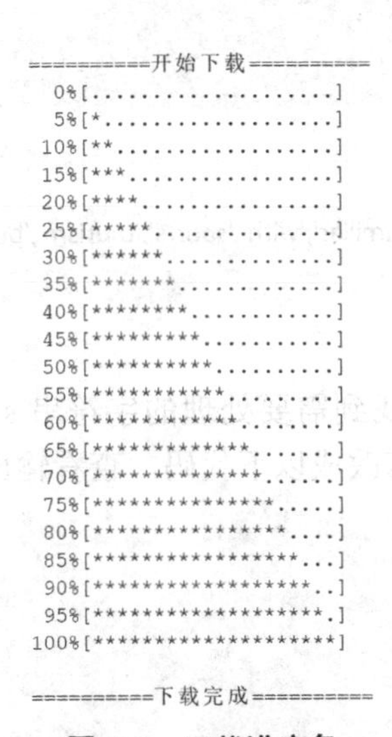

图 4-1　下载进度条

（1）问题分析

本例涉及 print( )函数、for 循环、format( )方法的使用。首先定义一个变量，用于接收总任务量，然后在 for 循环体中编写已完成任务量、未完成任务量、完成百分比，最后使用 format( )方法将字符串进行格式化输出。

（2）程序代码

```
#sl4-4.py
```

```
import time
incomplete_sign = 20                                    #总任务量
print('='*10+'开始下载'+'='*10)
for i in range(incomplete_sign + 1):
    completed = "*" * i                                 #已完成任务量
    incomplete = "." *(incomplete_sign - i)             #未完成任务量
    percentage =(i / incomplete_sign)* 100              #完成百分比
    print("{:3.0f}%[{}{}]".format(percentage,completed,incomplete),end="\n")
    time.sleep(0.5)
print("\n" + '='*10+'下载完成'+'='*10)
```

（3）思考与讨论

若只在一行中输出，使后面的内容覆盖前面的内容，从而达到实时显示进度条的功能，应如何修改程序？

【实例 4-5】提取字符串中的单词

（1）问题分析

可直接使用 re 模块的 findall()方法进行匹配，即 re.findall(正则表达式，待匹配字符串)。

（2）程序代码

```
#sl4-5.py
import re
s="""Chinese people may not be that familiar with sports tourism but it is one of the fastest growing sectors of tourism."""
content=re.findall(r"\b[a-zA-Z]+\b",s)
print(content)
```

（3）运行结果

```
['Chinese','people','may','not','be','that','familiar','with','sports','tourism','but','it','is','one','of','the','fastest','growing','sectors','of','tourism']
```

（4）思考与讨论

使用 re 模块的 findall( )方法找到需要处理的字符串 s 中的所有匹配项，并保存到变量 content 中。把源代码的最后一行修改成以下代码，查看输出结果。

```
if content:
    print("提取的信息如下。")
    for word in content:
        print(word)
else:
    print("文本中没有信息。")
```

【实例 4-6】校验密码

使用正则表达式校验用户输入的密码是否只包含 6～20 位数字、字母或下画线，且不全为数字。

（1）问题分析

增加密码的位数和复杂度是保证密码信息安全的一个重要方法，本例可通过正则表达式对输入的密码进行校验。

（2）程序代码

```
#sl4-6.py
import re
while True:
    password = input("请输入密码：")                              #输入密码
    password_again = input("请再次输入密码：")                    #再次输入密码
    if password == password_again:
        break
    else:
        print("两次输入的密码不相同。请重新输入！")
reg = "^(?!\d+$)[\dA-Za-z_]{6,20}$"                              #正则表达式
pattern = re.compile(reg)
res = pattern.match(password)
if res:
    print("您输入的密码合法！")
else:
    print("密码包含指定范围外的字符，或者全为数字，或者字符个数超出范围。请重新输入！")
```

（3）运行结果 1

```
请输入密码：abc 12345
请再次输入密码：abc 12345
密码包含指定范围外的字符，或者全为数字，或者字符个数超出范围。请重新输入！
```

（4）运行结果 2

```
请输入密码：qwert12345
请再次输入密码：qwert12345
您输入的密码合法！
```

（5）思考与讨论

有人曾统计过最容易破解的密码，如 111111、666666、888888、123456、qwert 等。可以使用正则表达式校验用户输入的字符串的合法性。

四、实验内容

1. 在 IDLE 中依次输入下列语句，将输出结果填写在横线处。

（1）字符串的索引和切片

```
>>>str = "Python Programming"
>>>str[1]                          #输出结果为：__________
>>>str[-1]                         #输出结果为：__________
>>>str[4:13]                       #输出结果为：__________
>>>str[-5::]                       #输出结果为：__________
>>>str[:]                          #输出结果为：__________
>>>str[0::2]                       #输出结果为：__________
```

```
>>>new=str[::-1]
>>>new                                #输出结果为：__________
```

（2）字符串的连接、重复操作

```
>>>s1='abc'
>>>s2='xyz'
>>>s1+s2                              #输出结果为：__________
>>>s1*3                               #输出结果为：__________
```

（3）字符串的成员关系操作

```
>>>s='How are you?'
>>>'o' in s                           #输出结果为：__________
>>>'a' not in s                       #输出结果为：__________
>>>s.count('o')                       #输出结果为：__________
>>>s.index('o',5)                     #输出结果为：__________
```

（4）字符串的比较运算操作

```
>>>s1='abc'
>>>s2='abcd'
>>>s3='cba'
>>>s1==s2                             #输出结果为：__________
>>>s1!=s3                             #输出结果为：__________
>>>s1<=s3                             #输出结果为：__________
```

2. 输出字符串的长度、最大值、最小值，并进行求和运算。

```
>>>str ='abcdefgh'
>>>len(str)                           #输出结果为：__________
>>>max(str)                           #输出结果为：__________
>>>min(str)                           #输出结果为：__________
>>>sum(str)                           #输出结果为：__________
```

3. 输入一个字符串，再输入要删除的字符，将字符串中出现的所有该字符（不区分大小写）删除。

4. 输入五个字符串，分别按 ASCII 编码的顺序和字符串长度输出最大、最小字符串。

5. 输入四个字符串，求这些字符串的最大长度。

6. 输入一句英文句子，输出单词数。

7. 输入一句中文句子，统计这句话中汉字（包含数字）和标点符号的个数。

8. 计算一个字符串的各个字符的编号总和（A 对应 1，B 对应 2……不区分大小写字母；非字母字符对应 0）。例如，Colin 的字符编号总和为 3+15+12+9+14=53。

9. 现实生活中有很多经常使用的号码（如银行卡卡号、手机号码、身份证号码等），核对时不方便，通常的做法是将号码分段显示，如 4 位 1 组。请编写程序，输入 16 位银行卡卡号，每 4 位加一个空格，输出分段显示的银行卡卡号，并将分段前的银行卡卡号中间的 8 位用 4 个“*”代替后再输出。

10. 回文诗是汉语特有的一种使用词序回环往复的修辞方法，可以正着读、反着读，如宋代诗人苏轼的《菩萨蛮·回文夏闺怨》中的“柳庭风静人眠昼，昼眠人静风庭柳”。请编写程序，输入诗文上句，输出下句。

11. 输出一个号码牌。号码牌由边框和号码构成，组成边框的字符有角落字符、水平字符、垂直字符。

输入一个字符串（如“+-|2008161876”），字符串的前三个字符分别代表组成边框的角落字符、水平字符、垂直字符，从第四个字符开始表示号码数字。

输出由边框包围的号码，如：

```
+----------+
|2008161876|
+----------+
```

。

12. 求 222^{222} 的个位数字、十位数字、百位数字。

13. 编写一个程序，使用正则表达式校验输入的手机号码是否正确，验证规则为：长度必须为 11 位，前 2 位是 13、15 或 18，后 9 位是数字。

14. 某网站要求用户注册时输入用户名和密码。编写程序，校验用户输入的密码是否有效，以下是校验密码的标准。

① 至少有 1 个小写字母。

② 至少有 1 个数字。

③ 至少有 1 个大写字母。

④ 至少有 1 个特殊字符（$、#、@、&、*）。

⑤ 最短密码长度：6。

⑥ 最大密码长度：12。

15. 从字符串中分别提取中文字符和英文字符。

拓展知识：字符串编码与解码

1. 常用的编码标准有 ASCII 编码、Unicode 编码、UTF-8 编码、GBK 编码、字节序列编码等。

2. 在 Python 3.x 中，字符串不再区分 ASCII 编码和 Unicode 编码，默认采用 UTF-8 编码，并允许在创建字符串时指定编码方式。

UTF-8 编码是互联网上应用最广泛的一种 Unicode 的实现方式，它用 1～4 个字节表示一个字符，根据不同的字符改变字节长度。

将中文字符串转换为 UTF-8 编码，代码如下。

```
>>>'中文'.encode('utf-8')
b'\xe4\xb8\xad\xe6\x96\x87'
```

将 UTF-8 编码转换为中文字符串，代码如下。

```
>>>b'\xe4\xb8\xad\xe6\x96\x87'.decode('utf-8')
'中文'
```

Python 读取源代码时，为了按 UTF-8 编码读取，通常在文件开头写以下两行注释。

```
#!/usr/bin/python
# -*- conding utf-8 -*-
```

第一行注释是为了告诉 Linux 系统这是一个 Python 可执行程序，Windows 系统会忽略这个注释。

第二行注释是为了说明按照 UTF-8 编码读取源代码，否则中文输出可能会出现乱码。

实验 5　选择结构程序设计

一、实验目的

1. 掌握条件语句中逻辑表达式的正确书写规则。
2. 掌握单分支、双分支、多分支选择结构的使用方法。
3. 用选择结构解决相关问题。

二、知识要点

选择结构是一种常用的基本结构，其特点是根据给定的条件选择一种操作，常见的选择结构有以下几种。

1. 单分支选择结构

```
if 表达式：
    语句块
```

2. 双分支选择结构

```
if 表达式：
    语句块 1
else：
    语句块 2
```

3. 多分支选择结构

```
if 表达式 1：
    语句块 1
elif 表达式 2：
    语句块 2
……
else：
    语句块 n
```

4. if 语句的嵌套

```
if 表达式 1：
```

```
    if 表达式 2:
        语句块 1
    else:
        语句块 2
else:
    if 表达式 2:
        语句块 3
    else:
        语句块 4
```

对以上代码的说明如下。

① 在 if 语句中，表达式表示判断条件，一般包含关系运算符、成员运算符、逻辑运算符。

② Python 最具特色的功能就是通过缩进表示语句块的层次，而不需要使用大括号。缩进的字符数是可变的，但同一个语句块的语句必须保持相同的缩进字符数，缩进不一致会导致逻辑错误。

③ 在 Python 中，条件表达式中不允许使用赋值运算符“=”。

三、实例解析

【实例 5-1】评定优秀学生

某校优秀学生的评定标准为：政治（c1）、语文（c2）、数学（c3）三科的平均成绩大于 90 分，且每科成绩均不低于 85 分，编写程序进行判断并输出判断结果。

（1）问题分析

根据学生成绩判断该学生是否符合优秀学生的评定标准，判断结果只有“是”或“不是”，采用 if 语句的双分支选择结构来表达即可。

（2）程序代码

```
#sl5-1.py
c1= int(input("请输入政治成绩："))
c2= int(input("请输入语文成绩："))
c3= int(input("请输入数学成绩："))
if(c1+c2+c3)/3>90 and c1>=85 and c2>=85 and c3>=85:
    print("符合优秀学生条件")
else:
    print("不符合条件")
```

（3）输出结果

```
请输入政治成绩：92
请输入语文成绩：95
请输入数学成绩：88
符合优秀学生条件
```

（4）思考与讨论

请注意逻辑判断与（and）和或（or）的区别。编译器在求解逻辑表达式的值时，采用

“非完全求解”的方法。

① 表达式 a and b and c 的求解过程。

只有 a 为真时，才判别 b 的值；只有 a 和 b 均为真时，才判别 c 的值。只要 a 为假，就不再判别 b 和 c 的值，直接求得表达式的值为假。求解过程如图 5-1 所示。

② 表达式 a or b or c 的求解过程。

只要 a 为真，就不再判别 b 和 c 的值，直接求得表达式的值为真；只有 a 为假时，才判别 b 的值；只有 a 和 b 均为假时，才判别 c 的值。求解过程如图 5-2 所示。

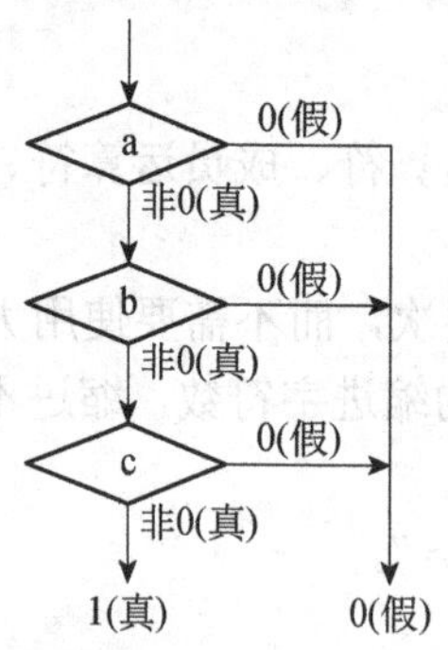

图 5-1　表达式 a and b and c 的求解过程

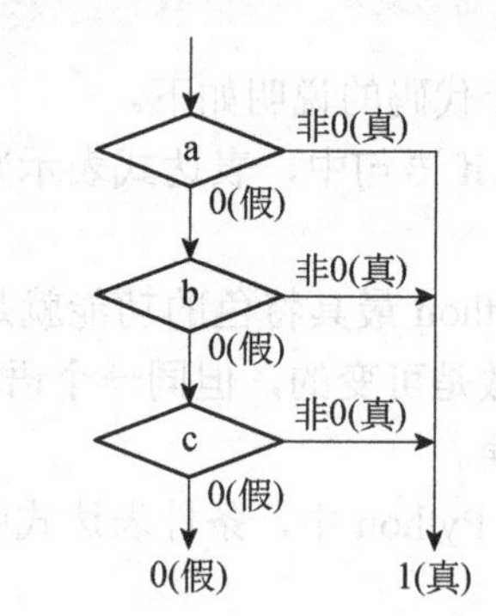

图 5-2　表达式 a or bor c 的求解过程

拓展阅读

学习成绩好是大学生最基本的要求，还要德智体美劳全面发展，即提升综合素质。

现代企业的人才需求向复合型人才发展，“专、精、深”人才的需求量大，要求掌握专业领域的知识、具备持续学习的能力、热爱所从事的工作并富有激情，还要能沉下心来脚踏实地做事。

新时代的复合型融合人才既要掌握专业知识，又要具备专业技能，还要与价值取向、数字化能力等紧密结合。

【实例 5-2】计算阶梯电费

为了提倡居民节约用电，某省电力公司执行“阶梯电价”，将用户每月的用电量划分为三个阶梯。第一阶梯：每月用电量为 210 度及以下，电价为每度 0.5469 元；第二阶梯：每月用电量为 210～400 度，在第一阶梯电价的基础上，超出的部分每度加价 0.05 元；第三阶梯：每月用电量为 400 度以上，在第一阶梯电价的基础上，210～400 度的部分每度加价 0.05 元，超出 400 度的部分每度加价 0.3 元。请编写程序计算电费。

（1）输入格式

输入某用户的月用电量。

（2）输出格式

在一行中输出该用户应支付的电费，结果保留两位小数，格式为“cost =应付电费值”。

（3）输入样例

```
100
```

（4）输出样例

```
cost = 54.69
```

（5）问题分析

此例需要根据已知条件进行 3 种情况的判断，因此采用 if 语句的多分支选择结构来表达。

（6）程序代码

```
#sl5-2.py
a=eval(input())
if a<=210:
    print("cost = {0:.2f}".format(a*0.5469))
elif a<=400:
    print("cost = {0:.2f}".format(a*0.5469+(a-210)*0.05))
else:
    print("cost = {0:.2f}".format(a*0.5469+(400-210)*0.05+(a-400)*0.3))
```

（7）思考与讨论

① 实际的电费计费规则更复杂，请查询当地的电费计费规则，设计程序计算电费。

② x 在区间[a,b]内可用以下代码表示。

```
a<=x<=b
```

或

```
a<=x and x<=b
```

【实例 5-3】计算优惠率

某物流公司的优惠规则如下。

在销售旺季（7 月～9 月），如果预定 20 个及以上集装箱，优惠 10%；预定 20 个以下集装箱，优惠 5%。在销售淡季（1 月～6 月和 10 月～12 月），如果预定 20 个及以上集装箱，优惠 20%；预定 20 个以下集装箱，优惠 10%。请编写一个能根据月份和预定的集装箱个数计算优惠率的程序。

（1）问题分析

优惠判定表如表 5-1 所示。

表 5-1　优惠判定表

	可能状态	1	2	3	4
条件	A. 销售旺季	是	是	否	否
	B. 预定 20 个及以上	是	否	是	否
处理方式	A. 优惠 20%			是	
	B. 优惠 10%	是			是
	C. 优惠 5%		是		

请注意以下两点。

① 首先需要根据销售旺季和淡季两种情况分别进行处理，这需要使用一个双分支选择结构。

② 在销售旺季和淡季两种情况下，还要分别考虑预定 20 个及以上集装箱和 20 个以下集装箱两种情况。

算法流程图如图 5-3 所示。

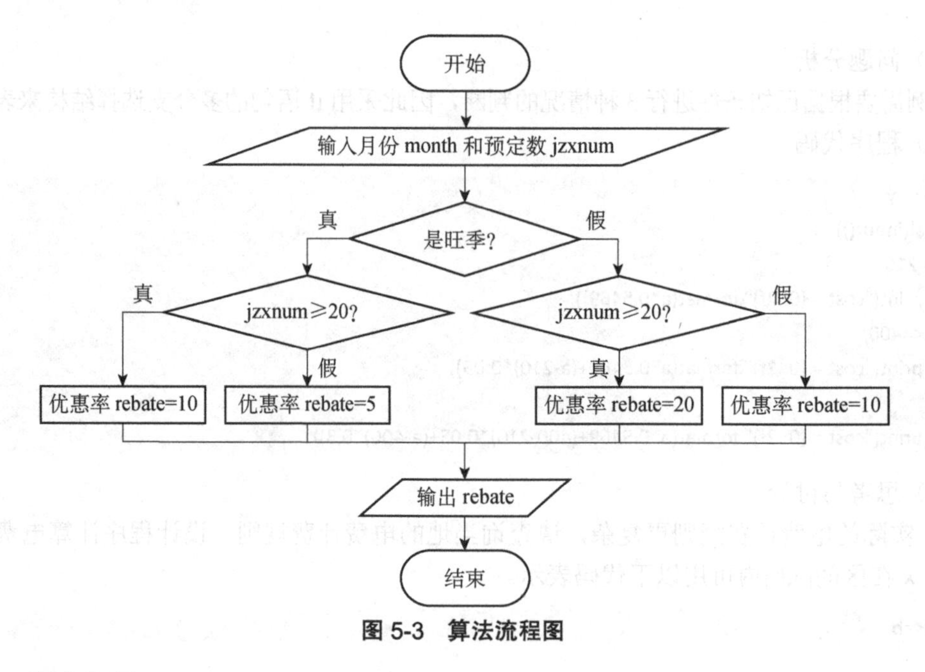

图 5-3 算法流程图

（2）程序代码

```
#sl5-3.py
month=int(input("请输入月份 Please input month："))
jzxnum=int(input("请输入预定数 Please input jzx number："))
if month==7 or month==8 or month==9:
    if jzxnum>=20:
        rebate=10
    else:
        rebate=5
else:
    if jzxnum>=20:
        rebate=20
    else:
        rebate=10
print("优惠率 The rebate is %d%%"%rebate)
```

（3）输出结果

```
请输入月份 Please input month：8
请输入预定数 Please input jzx number：30
优惠率 The rebate is 10%
```

（4）思考与讨论

如果是新用户，则第一单再优惠 2%，应如何修改程序？

【实例 5-4】模拟彩票兑奖

编写一个模拟彩票兑奖的程序，当兑奖者输入一个 4 位数时，将此数字与计算机随机产生的 4 位数进行比较，根据比较结果来决定中奖等级。中奖规则为：4 位数字全部相同则为一等奖，后 3 位数字相同则为二等奖，后 2 位数字相同则为三等奖，最后 1 位数字相同则为四等奖。

（1）问题分析

需要根据彩票的数字对比情况进行 5 种情况的判断和分析，因此采用 if-elif 语句的多分支选择结构来表达。调用 random.randint(1000,9999)函数产生一个 4 位随机数，通过 str( )函数把随机数转换为字符串，与输入的内容进行比较。

（2）程序代码

```
#sl5-4.py
import random
x= random.randint(1000,9999)                    # 随机生成一个 4 位数作为中奖号码
print("本期中奖号码是",x)
winnum=str(x)
ynum= input("请输入你的 4 位彩票数字：")
if ynum== winnum:                               # 如果 ynum 等于 winnum，则为一等奖
    print("恭喜！你中了一等奖")
elif ynum[-3:]==winnum[-3:]:                    # 如果后 3 位数字相同，则为二等奖
    print("恭喜！你中了二等奖")
elif ynum[-2:]==winnum[-2:]:                    # 如果后 2 位数字相同，则为三等奖
    print("恭喜！你中了三等奖")
elif ynum[-1:]==winnum[-1:]:                    # 如果最后 1 位数字相同，则为四等奖
    print("恭喜！你中了四等奖")
else:
    print("谢谢参与！祝你下次好运！")
```

（3）思考与讨论

① 多分支选择结构还可以写成嵌套的形式。

② 若从 0～30 中随机抽取 6 个数字，和输入的 6 个数字进行对比，根据比较的结果来决定中奖等级，应如何编写程序？

【实例 5-5】输出当月的天数

输入年份和月份，输出当月的天数（考虑闰年）。如果输入的月份不合法，则输出“Error”。

（1）问题分析

当月份是 1、3、5、7、8、10、12 时，当月的天数是 31 天；当月份是 4、6、9、11 时，当月的天数是 30 天；当月份是 2 时，考虑是否是闰年，如果是，则当月的天数是 29 天，否则是 28 天。可以采用多分支选择结构处理多种情况。

（2）程序代码

```
#sl5-5.py
year,month=map(int,input().split())
if month in [1,3,5,7,8,10,12]:
    print(31)
elif month==2:
    if year%4==0 and year%100!=0 or year%400==0:
        print(29)
    else:
        print(28)
elif month in [4,6,9,11]:
```

```
        print(30)
    else:
        print('Error')
```

四、实验内容

1. 输入一个整数，判断是奇数还是偶数。

2. 购买某商品时，价钱 x 和应支付的费用 y 之间的数学关系如下。

$$y=\begin{cases} x & x<1000 \\ 0.95x & 1000\leqslant x<2000 \\ 0.9x & 2000\leqslant x<3000 \\ 0.85x & x\geqslant 3000 \end{cases}$$

请编写程序，输入价钱 x，计算应支付的费用 y。

3. 假设购买地铁车票的规定为：乘 1～4 站，费用为 3 元/位；乘 5～9 站，费用为 4 元/位；乘 9 站以上，费用为 5 元/位。请编写程序，输入人数、站数，输出应付款。

4. 编写成绩等级转换程序，转换规则为：90～100 分为 A，80～89 分为 B，70～79 分为 C，60～69 分为 D，低于 60 分为 E。

5. 为鼓励居民节约用水，自来水公司采取按用水量阶梯式计价的办法，居民应交水费与月用水量相关，累计水量达到年度阶梯水量分级基数的临界点后，开始实行阶梯计价。某市的阶梯计价方案为：第一阶梯的用水量为 216 立方米（含）以下，销售价格为每立方米 2.90 元；第二阶梯的用水量为 216～300 立方米（含），销售价格为每立方米 3.85 元；第三阶梯的用水量为 300 立方米以上，销售价格为每立方米 6.70 元。请编写程序计算水费。

6. 已知坐标点 (x,y)，判断其所在的象限。

7. 一只水牛口渴了，要喝 15 升水才能解渴。现有一个半径为 r 厘米、深为 h 厘米的小圆桶，水牛至少要喝多少桶水才会解渴？

8. 如果今天是星期一，大后天就是星期四；如果今天是星期日，大后天就是星期三。请编写程序，用数字 1～7 代表星期一到星期日，给定某一天，输出那天的大后天是星期几。

9. 回文是指字符串中心对称，从左向右读和从右向左读的内容是一样的。请编写程序，输入一个字符串，判断该字符串是否为回文。

10. 按照规定，在限速为 50～80 千米/小时的道路上，超速未达到 10%的予以警告，超过限定时速 10%～20%的处 100 元罚款，超过限定时速 20%～50%的处 150 元罚款，超过限定时速 50%～70%的处 500 元罚款，超过限定时速 70%的处 1000 元罚款。请编写程序，根据车速判别对机动车的处理措施。

11. 有一批货物要运输，共有 n（$0<n<10000$）千克。小车一次能运 600 千克，运费为 90 元；大车一次能运 1500 千克，运费为 200 元。请编写程序，计算最省钱的运输方式和运费。

12. 身体质量指数（BMI）是目前国际上常用的衡量人体胖瘦程度以及是否健康的指标。它的计算公式：BMI=体重÷身高 ^{2}（体重除以身高的平方）。其中，体重的单位是 kg，身高的单位是 m。

中国人的 BMI 参考标准为：BMI<18.5 为偏瘦；18.5≤BMI<24 为正常；24≤BMI<28 为偏胖；BMI≥28 为肥胖。

请编写程序，输入一个人的身高和体重，计算 BMI，输出 BMI 是否正常。

13. 假设你买了一箱苹果（共 *n* 个），但箱子里混进了一条虫子。虫子每 *x* 小时能吃掉一个苹果，假设虫子在吃完一个苹果之前不会吃另一个，那么 *y* 小时后还有多少个完整的苹果？

14. 假设学校的绩点换算规则为：成绩大于或等于 85 的转换为 4.5，成绩大于或等于 75 且小于 85 的转换为 3.5，成绩大于或等于 65 且小于 75 的转换为 2.5，成绩大于或等于 60 且小于 65 的转换为 1.7，成绩小于 60 的转换为 0，输入其他数据则输出“Data Error”。请编写程序，输入学生成绩，输出对应的绩点。

15. 编写一个简单的计算器程序，对 2 个整数进行加、减、乘、除、求余运算。

☆ 拓展知识：打包工具 PyInstaller 模块

将一个 Python 源程序 sl0-1.py 用 PyInstaller 打包成可执行文件的操作步骤如下。

（1）使用 pip 安装 PyInstaller 扩展库。

```
pip install PyInstaller
```

（2）打包源程序。

```
pyinstaller <源程序文件名>
```

执行后，源文件所在的目录中将增加 dist 和 build 两个文件夹，build 文件夹用于存储临时文件，dist 文件夹用于存储可执行程序。

如果使用“-F”选项则只生成一个独立的可执行文件，代码如下。

```
pyinstaller -F sl0-1.py
```

实验 6　循环结构程序设计

一、实验目的

1. 理解循环的概念，能用循环结构解决算法问题。
2. 熟练掌握实现遍历循环操作的 for 循环语句的语法结构和使用方法。
3. 熟练掌握 while 语句的语法结构和使用方法。
4. 掌握 break 语句和 continue 语句的使用方法。
5. 学会使用循环嵌套解决实际问题。

二、知识要点

1. 遍历循环：for 循环语句

Python 的 for 循环语句有以下几种形式。

（1）遍历序列

```
for 循环变量 in 遍历序列:
    循环体
```

执行过程：依次将遍历序列的每一个值传递给循环变量，每传递一个值就执行一次循环体语句块，直至传递完遍历序列的最后一个值，退出 for 循环语句。

for 循环语句可以遍历任何类型的序列，如字符串（str）、列表（list）、元组（tuple）等。

```
for x in "ABCD":
    print("Hello!",x)
```

在以上代码中，循环的次数等于字符串“ABCD”的字符个数。遍历时，for 循环语句把字符的值依次赋给 x，执行循环体语句并输出，输出结果如下。

```
Hello! A
Hello! B
Hello! C
Hello! D
```

（2）有限次循环

```
for 循环变量 in range(i,j[,k]):
```

```
    循环体
```

其中，i是初始值（默认为0），j-1是终止值，k是步长（默认为1）。

```
s=0
for i in range(1,100,2):
    s=s+i
print("s=1+3+5+7+...+99=",s)
```

以上代码的输出结果为：s=1+3+5+7+...+99=2500。

（3）遍历文件

```
for eachrow in open("D:\\zust.txt"):
    print(eachrow)
```

（4）遍历字典

```
for x,y in {"姓名":"张三","年龄":18}.items():
    print(x,y)
```

2. 无限循环：while语句

while语句也称为无限循环语句，常用于循环次数未知的结构，语法格式如下。

```
while 条件表达式:
    循环体
```

在while语句中，条件表达式为真时会重复执行循环体，直到条件表达式为假，结束循环。

3. else语句

与其他编程语言不同的是，Python的循环结构中有else关键字，else下面的语句在while循环或for循环正常结束时会被执行。但如果提前退出循环，例如被break语句结束、执行了return语句或有其他异常情况出现，则不会执行else语句。

else语句的第一种格式如下。

```
while 表达式:
    循环体
else:
    语句体
```

else语句的第二种格式如下。

```
for 循环变量 in 可遍历的表达式:
    循环体
else:
    语句体
```

三、实例解析

【实例 6-1】计算阶乘和

编程计算 1!+2!+3!+…+n!。要求用循环嵌套设计程序，$n \leqslant 15$。

（1）输入格式

在一行中输入一个不超过 15 的正整数。

（2）输出格式

在一行中按照“n=n 值，s=阶乘和”的格式输出，其中阶乘和是正整数。

（3）问题分析

这是一个典型的求和问题，解题的基本思路是逐项相加，通常使用循环实现。每次循环时在循环体中累加一项，本例的循环次数确定，因此可以使用 for 循环语句。

（4）算法设计

根据上面的分析，算法流程图如图 6-1 所示。计算第 i 项的方法有以下两种。

① 通项法。找到通项公式，利用项编号计算当前项。

② 递推法。找到递推公式，利用前一项计算当前项。

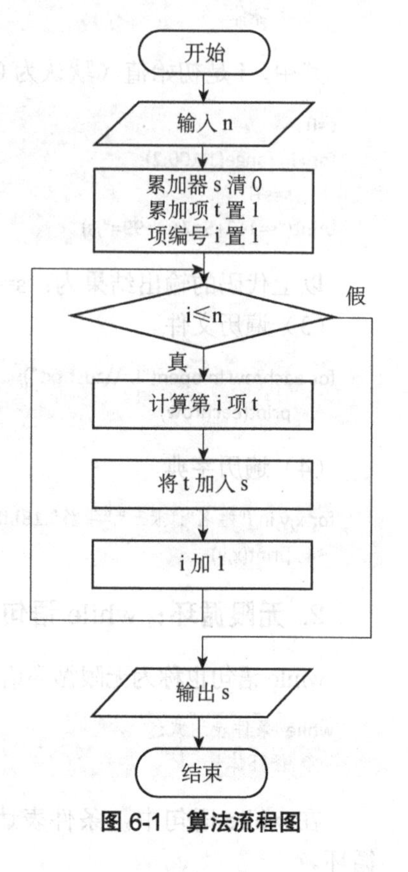

图 6-1 算法流程图

两种方法均可使用。如果使用第一种方法，需要在循环体中嵌套另一个循环来计算，程序的整体结构为二重循环；如果使用第二种方法，可利用递推公式计算，程序的整体结构为一重循环。显然，第二种方法的执行效率更高。

（5）程序代码

```
#sl6-1.py
n=int(input())
s=0
t=1
for i in range(1,n+1):
    t=t*i
    s=s+t
print("n={},s={}".format(n,s))
```

（6）思考与讨论

为什么在循环开始前要给 t 赋值为 1？是否一定要将累加器 s 初始化为 0？

【实例 6-2】计算圆周率的近似值

（1）题目描述

利用格里高利公式（$\frac{\pi}{4} \approx 1-\frac{1}{3}+\frac{1}{5}-\frac{1}{7}+\cdots$）计算 π 的近似值，直到最后一项的绝对值小于给定的精度。

（2）输入格式

在一行中输入小于 1 且大于 0 的阈值。

（3）输出格式

在一行中输出满足阈值条件的近似圆周率，保留小数点后 6 位。

（4）题目分析

根据关系式找出算法规律，在循环时需要保持一个累计结果的变量。每次计算当前项时，需要进行变号操作以及分子和分母的计算，要注意当前项计算值和循环控制变量的关系。

（5）算法设计

根据题目，可以得出该类型需要用到 while 循环结构，代码如下。

```
while <条件>:
    <循环体>
```

反复执行循环体，当条件不满足时结束。

根据计算公式可以看出每一项的分母都是奇数，且正负号互换，因此要用赋值等式来实现正负号的变换。

算法流程图如图 6-2 所示。

（6）程序代码

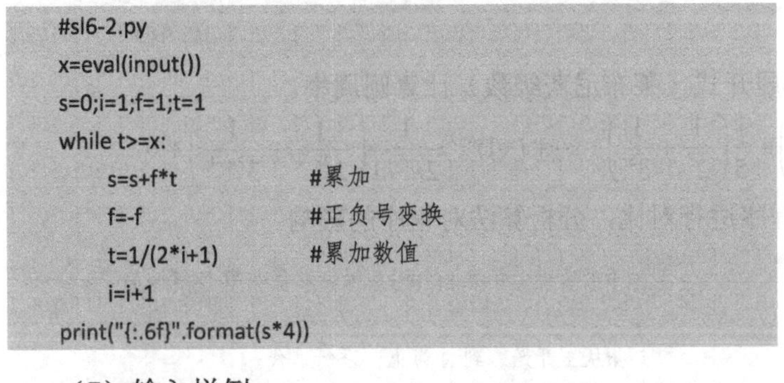

```
#sl6-2.py
x=eval(input())
s=0;i=1;f=1;t=1
while t>=x:
    s=s+f*t           #累加
    f=-f              #正负号变换
    t=1/(2*i+1)       #累加数值
    i=i+1
print("{:.6f}".format(s*4))
```

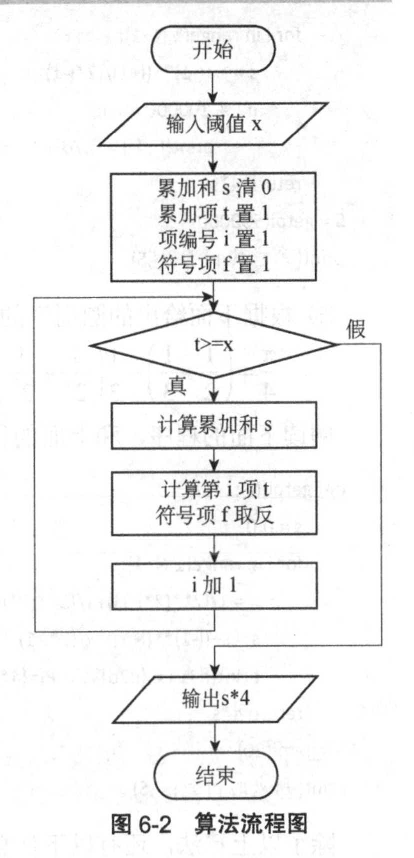

图 6-2　算法流程图

（7）输入样例

```
0.000001
```

（8）输出样例

```
3.141591
```

（9）思考与讨论

① 使用循环结构时要找出算法的规律，注意变量的初始设置以及每个变量的变化，满足条件即停止。

② 上面的程序计算了多少次？

这个程序计算了 50 万次，我们可以改写程序，每 10 万次输出一次计算结果，代码如下。

```
N=500000
pi=0
for i in range(1,N+1):                        #从 1 开始，到 N 为止，进行迭代
    pi += 4*(-1)**(i+1)/(2*i-1)               #迭代求和
    if i != 1 and i % 100000 == 0:
```

```
            print(f'当 i = {i:7d}时，pi ={pi:10.9f}')            #每 100000 次输出一次计算结果
```

输出结果如下。

```
当 i = 100000 时，pi =3.141582654
当 i = 200000 时，pi =3.141587654
当 i = 300000 时，pi =3.141589320
当 i = 400000 时，pi =3.141590154
当 i = 500000 时，pi =3.141590654
```

由上述结果可以看出，循环 40 万次后，圆周率才变成我们熟知的 3.14159xxxx。比较下列程序，分析结果。

```
def getpi(N):                                               #定义一个函数 getpi()，根据迭代次数 N 求圆周率
    s = 0.0
    for i in range(1,N+1):                                  #从 1 开始，到 N 为止，进行迭代
        s = s +(-1)**(i+1)/(2*i-1)                          #迭代求和
        if i % 100000 == 0:
            print(f'当 i = {i:7d}时，pi ={4*s:10.9f}')       #每 100000 次输出一次计算结果
    return 4*s                                              #返回计算出的圆周率
S = getpi(500000)                                           #调用函数 getpi()，传递的参数值为 500000
print('所求的 pi 为：',S)
```

③ 根据下面给出的圆周率的展开式（莱布尼茨级数）计算圆周率。

$$\frac{\pi}{4}=\left(\frac{1}{2}+\frac{1}{3}\right)-\frac{1}{3}\left(\frac{1}{2^3}+\frac{1}{3^3}\right)+\frac{1}{5}\left(\frac{1}{2^5}+\frac{1}{3^5}\right)-\cdots+(-1)^{n+1}\frac{1}{2n-1}\left(\frac{1}{2^{2n-1}}+\frac{1}{3^{2n-1}}\right)+\cdots$$

阅读下面的程序，和上面的程序进行对比，分析算法对程序的影响。

```
def getpi(N):                                               #定义一个函数 getpi()，根据迭代次数 N 求圆周率
    s = 0.0
    for i in range(1,N+1):                                  #从 1 开始，到 N 为止，进行迭代
        x = 1/(2**(2*i-1))+1/(3**(2*i-1))
        s = s+((-1)**(i+1))*x/(2*i-1)                       #迭代求和
        print(f'当 i = {i:7d}时，PI={4*s:10.9f}')            #每迭代 1 次就输出计算结果
    return 4*s                                              #返回计算出的圆周率
S = getpi(20)                                               #调用函数 getpi()，传递的参数值为 20
print('所求的 pi 为：',S)
```

除了以上算法，还有以下计算圆周率近似值的方法。

公式一：

$$\pi=2\times\frac{2^2}{1\times3}\times\frac{4^2}{3\times5}\times\frac{6^2}{5\times7}\times\cdots\times\frac{(2n)^2}{(2n-1)(2n+1)}$$

公式二：尼拉卡莎级数

$$\pi=3+\frac{4}{2\times3\times4}-\frac{4}{4\times5\times6}+\frac{4}{6\times7\times8}-\cdots$$

请编写程序，比较几种公式的收敛速度。

【实例 6-3】素数的判断

输入一个正整数 *n*（*n*>1），判断该数是否为素数。如果 *n* 为素数，则输出“yes”，反之输出“no”。

（1）输入格式

输入一个正整数。

（2）输出格式

若为素数则输出“yes”，反之输出“no”。

（3）问题分析

根据素数的定义，可以使用 for 循环，只要该数有任意一个因数，就可以判断该数不是素数，不必再看是否有其他因数。

（4）程序代码

```
#sl6-3.py
n=int(input())
flag=True                        #假设 n 为素数，标记变量为 True
for i in range(2,n):             #i 从 2 到 n-1
    if n % i == 0:               #若 i 是 n 的因数，则可判断 n 不是素数
        flag=False               #将标记变量改为 False
        break                    #跳出循环体
if flag==True:                   #若标记变量为 True，则 n 为素数，否则 n 不是素数
    print("yes")
else:
    print("no")
```

在上面的代码中，for 循环有两个出口，一个是循环正常结束，另一个是执行 break 语句跳出循环。上面的代码使用标记变量 flag 进行判断，也可以不用标记变量 flag，根据变量 i 值的大小，用 i==n 来判断是否是素数。

若一个循环结构中自带 else 子句，则不需要通过标记变量 flag 来进行 if-else 判断。因为只有程序正常结束，才会执行 else 子句，代码如下。

```
n=int(input())
for i in range(2,n):             #i 从 2 到 n-1
    if n % i == 0:               #若有因数，则输出 no 并结束循环
        print("no")
        break                    #若执行 break 语句，则跳过循环的 else 子句，结束循环
else:                            #若未执行 break 语句，则执行 else 子句
    print("yes")
```

本例也可以使用 while 循环，代码如下。

```
n=int(input())
i= 2
while(i < n):                    #判断是否有因数
    if(n % i==0):
        break
    i=i+ 1
if(i==n):
```

```
        print("yes")
    else:
        print("no")
```

同理，如果在 while 循环中引入 else 子句，程序的后半部分可以由 if(i==n):print("yes")变为 else:print("yes")，舍弃对 i 值大小的判断，直接由 while 循环所含的 else 子句下结论。请读者修改程序代码。

（5）思考与讨论

① 使用 else 子句时，应注意结合 break、return 等关键词，否则会得出一些错误的结果，代码如下。

```
for str in 'abc':
    if str=='b':
        print("找到字母 b 了")
    else:
        print("没有字母 b")
```

程序运行结果如下。

```
没有字母 b
找到字母 b 了
没有字母 b
```

这里的 for 循环中没有 break 关键字，循环可以正常结束，else 子句也被正常执行。将程序代码修改为以下形式，比较输出结果。

```
for str in 'abc':
    if str=='b':
        print("找到字母 b 了")
        break
    else:
        print("没有字母 b")
```

② 对于 2147483647 这个数字而言，需要执行 2147483645 次循环来判断是否有因数，显然效率很低，可以对算法进行改进。除了自身，*n* 最大的可能因数是 *n*//2，因此 range(2,n)可以改为 range(2,n//2+1)，循环次数少了大约一半。实际上，因数不会大于 sqrt(n)，因此需要引入 math 模块的 sqrt( )函数，代码如下。

```
from math import sqrt                  #引入 math 模块的 sqrt( )函数
n=int(input())
k=int(sqrt(n))                         #求根号 n 并转换为整数
flag=True                              #假设 n 为素数，标记变量为 True
for i in range(2,k+1):                 #在区间[2,k]内判断是否有 n 的因数
    if n % i == 0:                     #若 i 是 n 的因数，可判断 n 不是素数
        flag=False                     #将标记变量改为 False
        break                          #跳出循环体
if n==1:flag=False                     #对 1 进行特判
if flag==True:                         #若标记变量为 True，则 n 为素数，否则 n 不是素数
```

```
        print("yes")
else:
        print("no")
```

【实例 6-4】寻找水仙花数

输入两个整数 n 和 m（$100 \leqslant n \leqslant m \leqslant 999$），输出区间$[n,m]$中的所有水仙花数（水仙花数是一个 3 位数，它的每位数字的 3 次幂之和等于它本身），如果该范围内没有水仙花数，则输出“None”。

（1）问题分析

如果 $n \leqslant 100$，则需要从 100 开始判断，否则从 n 开始判断；如果 $m \geqslant 999$，则需要判断到 999，否则判断到 m。可以用条件表达式或双分支选择结构确定需要判断的范围，然后用枚举算法找到满足要求的数。

（2）程序代码

```
#sl6-4.py
n,m=map(int,input().split())
cnt=0
if n<=100:
    a=100
else:
    a=n
b=999 if m>=999 else m            #条件表达式
for i in range(a,b+1):
    x,y,z=map(int,str(i))
    if x**3+y**3+z**3==i:
        print(i)
        cnt+=1
if cnt==0:
    print("None")
```

（3）输入样例

```
150 400
```

（4）输出样例

```
153
370
371
```

【实例 6-5】分解质因数

编写程序，将一个正整数分解质因数并输出。例如，输入 90，输出 90=2*3*3*5。

（1）问题分析

对 n 分解质因数，应先找到一个最小的质数 k，然后执行以下步骤。

① 如果 $k=n$，则分解质因数的过程已经结束，输出 k。

② 如果 $n \neq k$，但 n 能被 k 整除，则输出 k，并且把 n/k 的值作为新的 n，重复执行①。

③ 如果 n 不能被 k 整除，则用 $k+1$ 作为 k 的值，重复执行①。

（2）程序代码

```
#sl6-5.py
n = int(input("输入任意一个正整数："))
print("%d="%n,end="")
for k in range(2,n+1):
    while n!= k:
        if n % k== 0:
            n= n/k
            print("%d*" %k,end="")
        else:
            break
print("%d"%n)
```

（3）输入样例

```
输入任意一个正整数：20
```

（4）输出样例

```
20=2*2*5
```

【实例 6-6】纸币兑换

将一张面值为 100 元的人民币等值换成 100 张 5 元、1 元、0.5 元的纸币，要求每种纸币不少于 1 张，有哪几种组合？

（1）问题分析

如果用 x、y、z 分别代表 5 元、1 元、0.5 元的纸币张数，根据题意得到下以下方程。

$$\begin{cases} x+y+z=100 \\ 5x+y+0.5z=100 \end{cases}$$

显然从数学上来看，本问题无法求解，但用计算机可以方便地求出各种可能的解，通常使用枚举算法来求解这类问题。

（2）程序代码

```
#sl6-6.py
n=0
print("5 元     1 元     0.5 元");
for x in range(1,100):                              #5 元面值的纸币张数
    for y in range(1,100):                          #1 元面值的纸币张数
        for z in range(1,100):                      #0.5 元面值的纸币张数
            if x+y+z==100 and x*5+y*1+z*0.5==100:
                print("%d       %d       %d"%(x,y,z))
                n+=1
print("纸币兑换方法有%d 种"%n)
```

程序运行的结果如下。

```
5 元   1 元   0.5 元
1      91      8
2      82      16
```

```
3     73     24
4     64     32
5     55     40
6     46     48
7     37     56
8     28     64
9     19     72
10    10     80
11    1      88
纸币兑换方法有 11 种
```

（3）思考与讨论

上面的算法效率低，可以进行优化。通过分析注意到，x 的最大取值应小于 20；每种面值不少于 1 张，因此 y 的最大取值应为 $100-x$；同时，x 和 y 确定后，z 便确定了，即 $z=100-x-y$，所以本问题的算法使用二重循环即可实现，优化后的程序代码如下。

```
n=0
print("5 元      1 元      0.5 元");
for x in range(1,20):                              #5 元面值的纸币张数为 1～19
    for y in range(1,100-x):                       #1 元面值的纸币张数
        z=100-x-y;
        if x*5+y*1+z*0.5==100:
            print("%d        %d        %d"%(x,y,z))
            n+=1
print("优化后纸币兑换方法有%d 种"%n)
```

四、实验内容

1. 输入若干个 0～9 的数字，统计 0 和 9 出现的次数。

2. 有一个分数序列：$\frac{2}{1}$、$\frac{3}{2}$、$\frac{5}{3}$、$\frac{8}{5}$、$\frac{13}{8}$、$\frac{21}{13}$、…，求这个数列的前 n 项之和。

3. 输入 2 个正整数 x、n（$x\geqslant 0$，$n\leqslant 9$），输出 x 的乘方表，即 x^0～x^n 的值。

4. 输入 2 个正整数 A 和 B（$1\leqslant A\leqslant 9$，$1\leqslant B\leqslant 10$），输出数字 $AA\cdots A$（共有 B 个 A）。

5. 统计给定整数 M～N 区间内的素数个数并求和。

6. 对任意给定的一位正整数 n，输出从 1×1 到 $n\times n$ 的九九乘法表(下三角)。

7. 输入一个整数 n，要求输出[1,n]范围内的所有完全数。

完全数是一个正整数，该数恰好等于其所有不同真因数之和。例如，6、28 是完全数，因为 6=1+2+3、28=1+2+4+7+14；而 24 不是完全数，因为 24≠1+2+3+4+6+8+12。

8. 输入两个整数 n 和 a，求 $S=a+aa+aaa+\cdots+aa\cdots a$（$n$ 个 a）。例如，当 $n=5$、$a=2$ 时，S=2+22+222+2222+22222=24690。

9. 输出由数字组成的金字塔图案，如图 6-3 所示。

10. 输入两个正整数 M 和 N（小于 1000）。求 M 和 N 的最大公约数和最小公倍数。

```
        1
       222
      33333
     4444444
    555555555
   66666666666
  7777777777777
 888888888888888
99999999999999999
```

图 6-3　金字塔图案

11. 输入弧度 x，根据三角函数的级数公式，计算 $\sin x = x - \frac{x^3}{3!} + \frac{x^5}{5!} - \frac{x^7}{x!} + \cdots$，直到最后一项的绝对值小于 10^{-6}。

12. 设计一个“过 7 游戏”的程序。这个游戏有 5 人以上参与，任意一人从 1 开始报数，当遇到 7 的倍数（如 7、14、21 等）或含有 7 的数字（如 17、27、37 等）时，必须用敲桌子代替报数。

13. 数字 1、2、3、4 能组成多少个互不相同且无重复数字的三位数？

14. 编写程序解“百鸡百钱”问题。

中国古代数学家张丘建在《算经》中提出了著名的“百鸡百钱”问题：鸡翁一，值钱五；鸡母一，值钱三；鸡雏三，值钱一；百钱买百鸡，问鸡翁、鸡母、鸡雏各几何？（已知公鸡每只 5 元，母鸡每只 3 元，小鸡 1 元 3 只。要求用 100 元正好买 100 只鸡，问公鸡、母鸡、小鸡各买多少只？）

15. 数字游戏。利用计算机程序做猜数字游戏，计算机产生一个[1,100]范围内的随机整数 k，用户输入猜数 x。计算机程序根据下列 3 种情况，给出对应的提示。

① $x>k$：猜大了。

② $x<k$：猜小了。

③ $x=k$：猜对了。

运行程序时，如果用户连续 5 次没有猜中，就结束游戏程序，并公布正确答案。

提示：可以用二分法设计程序。

16. 若一个口袋中有 12 个球，其中有 3 个红球、3 个白球、6 个黑球，从中任取出 8 个球，共有多少种不同的颜色搭配？输出有效的颜色搭配。

17. 编程计算 1000！的末尾有多少个连续的“0”。

18. 随机生成四位验证码。

验证码是一种区分操作是计算机自动操作还是人为操作的方法，由数字、大写字母、小写字母组成。

19. 冰雹猜想是指如果一个自然数 x 是奇数就乘以 3 再加 1，如果是偶数就除以 2，得到一个新的自然数。按照这样的方法计算下去，最终会回到 1，故又称为“$3n$+1 猜想”。请编写一个程序，输入任一正整数，输出冰雹猜想的演算过程。

20. 用迭代算法求某个数的平方根，已知求 $\sqrt{a}$ 的迭代公式如下，精度为 0.000001。

$$x_1 = \frac{1}{2}\left(x_0 + \frac{a}{x_0}\right)$$

实验 7　列表与元组

一、实验目的

1. 掌握列表的创建和使用方法。
2. 掌握元组的创建和使用方法。
3. 掌握列表推导式的使用方法。

二、知识要点

1. 列表

一维列表的定义形式如下。

```
列表名=[列表值表]
```

对列表的说明如下。

① 列表名应是合法的用户标识符，列表值表可以为空（此时为空列表），也可以有一个或多个元素，各个元素之间用逗号分隔。

② 列表也是一种序列，可以通过下标访问列表中的各个元素，从左到右索引时下标从 0 开始；从右到左索引时下标从-1 开始。

③ 内置函数 list( )可以创建空列表，也可以将字符串、元组、字典、集合等转换为列表。

④ 可以使用成员函数 append( )在列表的末尾添加元素。

⑤ 列表的长度（元素个数）可以用内置函数 len( )求得。

⑥ 可以通过切片截取列表中的若干个连续元素构成子序列，具体方式如下。

```
列表名[start:end:step]
```

列表的操作符和方法如表 7-1 所示（假设 A=[1,3,5]、B=[6,4,2]、C=[7,8,9]）。

表 7-1　列表的操作符和方法

函数和方法	描述	示例	结果
s.append(x)	在列表 s 的末尾增加元素 x	A.append(7)	[1,3,5,7]
s.reverse()	将列表 s 倒置	A.reverse( )	[5,3,1]
s.sort([reverse=True])	对列表 s 的元素进行排序，默认为升序，参数 reverse=True 时为降序	B.sort()	[2,4,6]
		B.sort(reverse=True)	[6,4,2]

（续表）

函数和方法	描述	示例	结果
s.insert(i,x)	在索引值为 i 的位置插入元素 x	A.insert(3,7)	[1,3,5,7]
s.remove(x)	删除列表 s 中首个值为 x 的元素	A.remove(5)	[1,3]
s.extend(t)	将列表 t 的内容添加到列表 s 的后面	C.extend(B)	[7,8,9,6,4,2]
s.clear()	删除列表 s 中的所有元素，使其成为一个空列表	C.clear()	[]
s.pop(i)	提取列表 s 中索引值为 i 的元素，并在列表中删除该元素； i 默认值为-1，表示删除最后一个元素	B.pop()	[6,4]

提示：sort( )函数可以对列表进行排序，并覆盖原来的列表。若用 sorted( )函数排序，则不改变原列表的次序，将排序结果赋值给新列表，如 list2=sorted(list1)。

2. 元组

元组是不可修改的、由任何类型的数据组成的序列。元组的结构与列表类似，但它是不可变的，一旦创建就不能修改。

元组通过圆括号创建，元组中的元素用逗号分隔，其访问方式与列表类似，可以通过索引或切片访问。元组的操作方法也与列表类似。

元组有以下特点。

① 元组的访问速度比列表快。如果定义了一系列常量，主要目的是对它们进行遍历而不需要修改元素，建议使用元组。

② 元组作为不可变序列，与整数、字符串一样，可以作为字典的键，也可以作为集合的元素。而列表既不能作为字典的键，也不能作为集合的元素，因为列表是可变的。

提示：元组是不可修改类型，因此没有 append( )、extend( )、insert( )、remove( )、pop( )等能修改序列元素的方法。除此之外，列表的运算符、函数、方法对元组同样适用。

3. 列表推导式

列表推导式是一种能快速、简洁地创建列表的另一种方法，又称为列表解析。它可以将循环和条件判断结合，从而避免语法冗长的代码，同时提高程序性能。

列表推导式的形式如下。

```
[expression for item in iterable]
```

列表推导式的示例如下。

```
>>>n1 = [number for number in [1,2,3,4,5]]
>>>n1
[1,2,3,4,5]
```

带条件的列表推导式如下。

```
[expression for item in iterable if condition]
```

带条件的列表推导式示例如下。

```
>>>n2=[number for number in range(1,8)if number % 2 == 1]          #产生奇数列表
>>>n2
[1,3,5,7]
```

同时遍历多个序列的代码如下。

```
>>>[(x,y)for x in [2,3,4] for y in [3,4,5] if x!=y]
[(2,3),(2,4),(2,5),(3,4),(3,5),(4,3),(4,5)]
>>>[(x,y,x*y)for x in [2,3,4] for y in [3,4,5] if x<y]
[(2,3,6),(2,4,8),(2,5,10),(3,4,12),(3,5,15),(4,5,20)]
```

三、实例解析

【实例 7-1】筛选列表中的偶数和奇数

输入一个列表，包含若干个整数（允许为空），然后将其中的奇数和偶数单独放在一个列表中，并保持原有顺序不变。

（1）输入格式

输入一个列表。

（2）输出格式

分两行输出，第一行输出奇数序列，第二行输出偶数序列，数据之间用逗号隔开。如果奇数列表或偶数列表为空，输出“None”。

（3）输入样例

```
[11,22,33,44,55,66]
```

（4）输出样例

```
11,33,55
22,44,66
```

（5）问题分析

使用列表推导式、选择语句筛选列表中的偶数和奇数。

（6）程序代码

```
#sl7-1.py
num=eval(input())                            #将输入的字符串转换为列表
odd=[i for i in num if i%2!=0]               #使用列表推导式筛选原列表中的奇数
even=[i for i in num if i%2==0]              #使用列表推导式筛选原列表中的偶数
if odd:                                      #判断奇数列表是否非空
    print(str(odd)[1:-1])                    #将列表转换为字符串，去掉首、尾字符并输出
else:
    print('None')
if even:                                     #判断偶数列表是否非空
    print(str(even)[1:-1])
else:
    print('None')
```

（7）思考与讨论

也可以用循环遍历列表元素、逐个判断的方法，筛选列表中的奇数和偶数，代码如下。

```
num=eval(input())                    #将输入的字符串转换为列表
odd=[]                               #定义空列表 odd，用于存储奇数
even=[]                              #定义空列表 even，用于存储偶数
for i in num:
    if i%2!=0:                       #筛选原列表中的奇数
        odd.append(i)                #将奇数添加到列表 odd 的末尾
    else:
        even.append(i)               #将偶数添加到列表 even 的末尾
if odd:                              #判断奇数列表是否非空
    print(','.join(map(str,odd)))    #将列表元素映射为字符串，连接并输出
else:
    print('None')
if even:                             #判断偶数列表是否非空
    print(','.join(map(str,even)))
else:
    print('None')
```

【实例 7-2】逆序输出列表

输入 *n* 个数，创建列表，把这 *n* 个数逆序输出。

（1）输入格式

输入 *n*（$n \leqslant 40$）个整数。

（2）输出格式

逆序输出这 *n* 个数，每两个数之间留一个空格。

（3）输入样例

```
1 2 3 4 5
```

（4）输出样例

```
5 4 3 2 1
```

（5）问题分析

一维列表的输入和输出一般使用一重循环，逆序输出可以从后往前输出。为了使每两个数之间有一个空格，一般使用以下两种方案。

方案一：除了第一个数据，输出每个数据之前先输出一个空格。

方案二：除了最后一个数据，输出每个数据之后再输出一个空格。

（6）程序代码

① 第一种方法，使用方案一，通过循环变量在两个数据之间输出一个空格。

```
a=list(map(int,input().split()))     #输入并创建整数列表 a
n=len(a)                             #求得列表长度
for i in range(n-1,-1,-1):           # range(n-1,-1,-1)产生数列 n-1,n-2,...,0
    if i!=n-1:                       #若不是第一个则输出一个空格
        print(' ',end='')
    print(a[i],end='')               #输出 a[i]
```

② 第二种方法，使用方案一，通过计数器变量在两个数据之间输出一个空格。

```
a=list(map(int,input().split()))          #输入并创建整数列表 a
n=len(a)                                  #求得列表长度
count=0                                   #计数器清 0
for i in range(n-1,-1,-1):
    count+=1                              #计数器加 1
    if count>1:                           #若不是第一个则输出一个空格
        print(' ',end='')
    print(a[i],end='')
```

③ 第三种方法，使用方案一，通过标记变量在两个数据之间输出一个空格。

```
a=list(map(int,input().split()))          #输入并创建整数列表 a
n=len(a)                                  #求得列表长度
flag=False                                #标记变量赋初值
for i in range(n-1,-1,-1):
    if flag!=False:                       #若不是第一个则输出一个空格
        print(' ',end='')
    print(a[i],end='')
    flag=True                             #输出 1 个数后，标记变量的值改变
```

④ 第四种方法，使用方案二，通过循环变量在两个数据之间输出一个空格。

```
a=list(map(int,input().split()))          #输入并创建整数列表 a
n=len(a)                                  #求得列表长度
for i in range(n-1,-1,-1):
    print(a[i],end='')                    #输出 a[i]
    if i!=0:                              #若不是最后一个则在输出数据后输出一个空格
        print(' ',end='')
```

（7）思考与讨论

上面的代码使用了四种写法实现在两个数据之间输出一个空格，请比较它们的区别，也可以使用其他写法。

实际上，若待输出的是列表、元组、字符串、集合、字典等可迭代对象，且要求数据之间间隔一个空格，则可以直接在这些可迭代对象之前加一个“*”作为内置函数 print( )的参数进行输出，代码如下。

```
a=list(map(int,input().split()))          #输入并创建整数列表 a
a.reverse()                               #逆置列表
print(*a)
```

把“*a”作为 print( )函数的参数实际上是把列表 a 中的各个元素逐个取出作为 print( )函数的参数，例如 print(*[1,2,3,4,5])相当于 print(1,2,3,4,5)；而且 print( )函数的多个输出项之间默认用一个空格间隔，所以语句 print(*a)可以得到题目要求的结果。

如果要求将其他字符作为间隔符，则可指定 print( )函数的 sep 参数为该字符，代码如下。

```
>>>print(*[1,2,3,4,5], sep='#')
1#2#3#4#5
```

【实例 7-3】将十进制数转换成 *r*（二、八、十六）进制数

（1）输入格式

分两行输入十进制数和待转换进制 *r*。

（2）输出格式

输出 *r* 进制数。

（3）输入样例

```
20
2
```

（4）输出样例

```
10100
```

（5）问题分析

将十进制数转换成 *r*（二、八、十六）进制数的方法是循环。编写程序时要进行整除、取余，直到整数部分为 0，把余数存到列表中，再将列表逆序，最后将列表中的元素连接成字符串输出。

（6）程序代码

```
#sl7-3.py
n=int(input())
r=int(input())
lst=[]
rs=n%r
m=n//r
if rs>=10:
    rs=chr(65+rs-10)
    lst.append(rs)
else:
    lst.append(str(rs))
while m!=0:
    rs=m%r
    m=m//r
    if rs>=10:
        rs=chr(65+rs-10)
        lst.append(rs)
    else:
        lst.append(str(rs))
lst.reverse()
lst="".join(lst)
print(lst)
```

（7）思考与讨论

本题的关键是什么时候开始循环、什么时候结束循环，循环之前要先进行一次取整、取余、存余处理。需要注意的是：取余、取整操作不能互换；列表逆序没有返回值，直接在原列表上操作。

【实例 7-4】计算平均成绩

输入一组学生的信息（包括姓名、性别、成绩，用空格分隔），用空行表示输入结束，计算并输出这组学生的平均成绩（保留 2 位小数）和男生人数。

（1）问题分析

由于不知道输入的学生人数，可以采用 while True 循环，如果输入的是空行（空字符串），则退出循环，否则将输入的学生信息存于一个列表中，然后对该列表进行处理。

（2）程序代码

```
#sl7-4.py
grade=0                                  #总成绩
cnt=0                                    #男生人数
n=0                                      #总人数
while True:
    line=input()
    if line=='':
        break
    student=line.split()
    n+=1
    grade+=int(student[2])
    if student[1]=='男':
        cnt+=1
print(f'平均成绩{grade/n:.2f} 男生人数是{cnt}')
```

（3）输入样例

```
Tom 男 85
Jack 男 90
Lynny 女 75
```

（4）输出样例

```
平均成绩 83.33 男生人数是 2
```

【实例 7-5】检查敏感词

检查某段文本中是否有给定的敏感词，若存在，把敏感词替换为“***”。

（1）问题分析

用敏感词元组里的每一个元素遍历文本内容，并用 if…in…语句进行判断，若存在，则用 replace( )函数进行替换。

（2）程序代码

```
#sl7-5.py
key_words =('拿','偷','窃','乞丐')                    # 将所有敏感词放在一个元组中
test_txt = '吴某曾经拿过别人的书，若有人在他面前说他是小偷，他会说：“窃书不算偷”。'
for word in key_words:                              # 对元组中的每个元素进行遍历
    if word in test_txt:                            # 若敏感词在文本中
```

```
        test_txt = test_txt.replace(word,'***')          # 替换
print(test_txt)
```

（3）输出结果

```
吴某曾经***过别人的书，若有人在他面前说他是小***，他会说：“***书不算***”。
```

四、实验内容

1. 在 IDLE 中依次输入下列语句，将输出结果填写在横线处。

（1）列表的定义与列表元素的访问

```
>>>list1=['第 19 届亚运会',2022,['浙江','杭州']]
>>>len(list1)                              #输出结果为：________________
>>>list1[1]                                #输出结果为：________________
>>>list1[-1]                               #输出结果为：________________
>>>list1[2][1]                             #输出结果为：________________
>>>list2=list(range(5))
>>>list2                                   #输出结果为：________________
>>>list3=[i*2 for i in range(5)]
>>>list3                                   #输出结果为：________________
```

（2）列表的切片

```
>>>list4=list(range(10))
>>>list4[2:4]                              #输出结果为：________________
>>>list4[1:8:2]                            #输出结果为：________________
>>>list4[-3:-1]                            #输出结果为：________________
```

（3）列表的遍历

```
>>>list5=list(range(10))
>>>for i in list5:
        print(i,end=",")                   #输出结果为：________________
>>>list6=['星期一','星期二','星期三','星期四','星期五','星期六','星期日']
>>>for index,day in enumerate(list6):
        print(index,":",day,end=" ")       #输出结果为：________________
```

（4）列表元素的增加

```
>>>list7=["北京市","上海市","天津市"]
>>>list7                                   #输出结果为：________________
>>>list7.append("重庆市")
>>>list7                                   #输出结果为：________________
>>>list8=['富强','民主','文明','和谐','自由','平等','公正','法治','爱国','敬业','友善']
>>>list8.insert(10,'诚信')
>>>list8                                   #输出结果为：________________
```

（5）列表元素的删除

```
>>>list_a=["C","C++","Java","Pascal","Visual Basic","Python"]
```

```
>>>del list9[-3]
>>>list9                                        #输出结果为：__________
>>>list9.pop(3)                                 #输出结果为：__________
>>>list10=['1','2','3','0','0','0']
>>>for item in list10:
        if item=='0':
                list10.remove(item)
>>>list10                                       #输出结果为：__________
```

（6）列表元素的修改

```
>>>list11=list(range(5))
>>>for i in range(len(list11)):
        list_c[i]+=1
>>>list11                                       #输出结果为：__________
```

（7）列表元素的排序

```
>>>list12=[33,22,55,44,11]
>>>list12.sort(reverse=True)
>>>list12                                       #输出结果为：__________
>>>list12=[33,22,55,44,11]
>>>list13=sorted(list12)
>>>list12                                       #输出结果为：__________
>>>list13                                       #输出结果为：__________
```

（8）元组的定义与元组元素的基本操作

```
>>>tuple1=(1,2,3,4,5,6,7,8,9,10)
>>>tuple1[1:4]                                  #输出结果为：__________
>>>tuple1[9:2:-2]                               #输出结果为：__________
>>>len(tuple1)                                  #输出结果为：__________
>>>sum(tuple1)                                  #输出结果为：__________
>>>max(tuple1)                                  #输出结果为：__________
>>>min(tuple1)                                  #输出结果为：__________
```

2. 编写程序，对列表中的数进行翻转。

3. 输入列表（由 n 个整数组成），求列表元素之和。

4. 输入一组整数，找出其中既能被 7 除余 5，又能被 5 除余 3，且能被 3 除余 2 的所有数。

5. 在一行中输入若干个整数（至少输入一个整数），整数之间用空格分隔，要求将数据从小到大排序（列表形式）。

思考：若从大到小排序，应如何修改程序？

6. 输入 n 个数，创建列表，然后删除其中的所有奇数（提示：从后往前删）。

思考：若生成一个包含 50 个[0,100]范围内的随机整数的列表，然后删除其中的所有奇数，应如何修改程序？

7. 有一个已经排好序的列表[10,20,30,40,50]，输入一个数，要求按原来的规律将它插入到列表中。

8. 编写程序，生成包含 20 个随机数的列表，将前 10 个元素进行升序排列，将后 10 个元素进行降序排列，并输出结果。

9. 在列表中输入多个数据（用逗号分隔）作为圆的半径，计算相应的圆面积，并求出最大值、最小值。

10. 输入一个嵌套列表（每个元素都是整数），根据层次求出列表元素的加权个数和。第一层的每个元素算 1 个元素，第二层的每个元素算 2 个元素，第三层的每个元素算 3 个元素，第四层的每个元素算 4 个元素……以此类推。

11. 编写程序，输入一个公元年份，输出对应的天干、地支。

提示：天干、地支可以用列表表示。

```
tiangan=["甲","乙","丙","丁","戊","己","庚","辛","壬","癸"]
dizhi=["子","丑","寅","卯","辰","巳","午","未","申","酉","戌","亥"]
```

12. 编写程序，输入出生日期，输出生肖和星座。

提示：生肖和星座可以用元组表示。

```
s_tuple=("鼠","牛","虎","兔","龙","蛇","马","羊","猴","鸡","狗","猪")
star_tuple=('水瓶座','双鱼座','白羊座','金牛座','双子座','巨蟹座','狮子座','处女座','天秤座','天蝎座','射手座','摩羯座')
```

13. 编写代码，输入任意多个数字，按下回车键表示结束输入，将它们存放在列表中，并统计最大数和最小数，以及最大数和最小数的平均值。

14. 平衡点问题。例如，numbers=[1,3,5,7,8,2,4,20]中 2 前面的数字总和为 24，2 后面的数字总和也是 24，因此 2 是平衡点。输入一个序列，若有平衡点，输出这个平衡点；若没有，输出“None”。

15. 一个合法的身份证号码由 17 位地址码、出生日期码、顺序码和 1 位校验码组成。身份证号码的含义如表 7-2 所示。

表 7-2　身份证号码的含义

位数	含义	位数	含义
1～2	省级行政区	3～4	地级行政区
5～6	县级行政区	7～10	出生日期中的年份
11～12	出生日期中的月份	13～14	出生日期中的日期
15～17	顺序码（奇数为男，偶数为女）	18	校验码（若是 0～9 则沿用，若是 10 则为 X）

校验码的计算规则如下。

首先对前 17 位数字进行加权求和（权重分配为{7,9,10,5,8,4,2,1,6,3,7,9,10,5,8,4,2}），然后将前 17 位数字的和对 11 取模得到 Z，最后按照以下关系对应 Z 与校验码的值。

Z	0	1	2	3	4	5	6	7	8	9	10
校验码	1	0	X	9	8	7	6	5	4	3	2

现给定一些身份证号码，请验证校验码的有效性，并输出有问题的号码。

16. 蛇形矩阵是由从 1 开始的自然数依次排列形成的上三角矩阵，如图 7-1 所示。要求输入整数 *n*，输出蛇形矩阵。

```
1  3  6  10  15  21
2  5  9  14  20
4  8  13  19
7  12  18
11  17
16
```

图 7-1　蛇形矩阵

17 随机产生 8 位密码，密码由数字和字母组成。

18. 世界杯共有 32 支参赛队伍，分成 8 个小组，每个小组有 4 支队伍。现通过随机分配的方式，将 32 支参赛队伍随机分成 8 个组。请编写程序，模拟分组。

19. 编写程序，模拟掷骰子 10000 次，显示各种点数出现的次数。

提示：使用 random 库的 randint ( )函数模拟掷骰子的随机点数，使用列表统计各点出现的次数，列表元素的下标对应骰子点数。

实验8 字典与集合

一、实验目的

1. 理解字典与集合的基本概念。
2. 掌握字典的创建和使用方法。
3. 掌握集合的创建和使用方法。

二、知识要点

1. 字典

字典是无序可变序列。字典中的每个元素都是一个键值对，包含键和值两部分，键和值是对应的，表示一种映射关系。

字典的键是唯一的，值可以不唯一。

（1）创建字典

每个键值对的键和值用“:”分隔，键值对之间用“,”分隔，整个字典包含在“{ }”中。

创建字典的语法格式如下。

```
字典名={[键1:值1[,键2:值2[,...,键n:值n]]]}
```

（2）遍历字典

遍历是指沿着某条搜索路径，依次对每个节点做一次且仅做一次访问，遍历的几种方式如下。

① 遍历键。遍历键是默认的遍历方式，代码如下。

```
>>>d={"English":80,"Math":70,"Program":90}
>>>for key in d:                              #循环变量取的是字典中的各个键
       print(str(key)+'：'+str(d[key]))
English：80
Math：70
Program：90
```

也可以使用字典的成员函数get( )取值。

② 使用值遍历的代码如下。

```
>>>d={"English":80,"Math":70,"Program":90}
```

```
>>>for value in d.values():
        print(value)
80
70
90
```

③ 使用键和值遍历的代码如下。

```
>>>d={"English":80,"Math":70,"Program":90}
>>>for key,value in d.items():
        print(key,value)
English 80
Math 70
Program 90
```

（3）字典的常规操作

字典的常规操作主要包括增、删、改、查等，主要操作方法如表 8-1 所示。其中，创建字典的示例代码如下（表 8-1 中的操作方法以本字典为例）。

```
d={"English":80,"Math":70,"Program":90}
```

表 8-1　字典的主要操作方法

方法	描述	示例	结果
get(key,default=None)	获得键对应的值，若键不存在，则返回设置的默认值	d.get("Math")	70
		d.get("math")	None
pop(key[,val])	删除键对应的值，且返回键相应的值； 若键不存在，且提供了 val 参数，则返回 val，否则出现 KeyError 错误	d.pop("Math")	70
popitem()	删除最后一个键值对，且返回该键值对相应的元组； 若字典为空，则出现 KeyError 错误	d.popitem()	("Program":90)
items()	返回所有键值对相应的元组构成的可迭代对象	d.items()	dict_items([("English",80),("Math",70),("Program",90)])
values()	返回所有值构成的可迭代对象	d.values()	dict_values([80,70,90])
keys()	返回所有键构成的可迭代对象	d.keys()	dict_keys(["English","Math","Program"])
clear()	删除字典中的所有元素，使其成为一个空字典	d.clear()	None

2. 集合

集合由一系列元素组成，集合中的元素是无序且不可重复的。集合的元素类型只能是数字、字符串、元组等不可变类型，不能是列表、字典、集合等可变类型。

集合的基本功能是进行成员测试和删除重复元素。

集合通过 set( )函数创建，用“{ }”标识。集合的主要操作方法如表 8-2 所示（假设 s={1,2}）。

表 8-2　集合的主要操作方法

方法	描述	示例	结果
s1|s2	并集操作，生成一个新集合，包含集合 s1 和 s2 中的所有元素	{1,2,3}|{3,4,5}	{1,2,3,4,5}
s1&s2	交集操作，生成一个新集合，包含集合 s1 和 s2 共同拥有的元素	{1,2,3}&{3,4,5}	{3}
s1-s2	差集操作，生成一个新集合，包含在集合 s1 中但不在 s2 中的元素	{1,2,3}-{3,4,5}	{1,2}
s1^s2	对称差，生成一个新集合，包含集合 s1 和 s2 中除共同元素之外的元素	{1,2,3}^{3,4,5}	{1,2,4,5}
s.add(x)	将元素 x 添加到集合 s 中	s.add(6)	{1,2,6}
s.clear()	删除集合 s 中的所有元素，使其成为一个空集合	s.clear()	None
s.copy()	生成一个新集合，复制集合 s 中的所有元素	t=s.copy()	{1,2}
s.pop()	获取集合 s 中的一个元素，并删除该元素	s.pop()	{2}
s.remove(x)	删除集合 s 中值为 x 的元素	s.remove(2)	{1}

不同于序列，集合中的元素是无序的，所以索引在集合中无意义，切片操作也无法在集合中使用。集合的部分操作与序列的通用操作相同，使用方法可以参照前面的内容。

三、实例解析

【实例 8-1】去掉重复数字

输入一个整数列表，去掉列表中的重复数字，输出升序排列后的列表。

（1）问题分析

把列表转换成集合以去掉重复元素，然后再转换成列表，将其进行排序，输出排序后的结果。

（2）程序代码

```
#sl8-1.py
num=eval(input())
newnum=list(set(num))
newnum.sort()
print(newnum)
```

（3）输入样例

```
[4,2,1,2,8,4,5,3,8]
```

（4）输出样例

```
[1,2,3,4,5,8]
```

【实例 8-2】简单的交互式计算器

编写程序，实现一个简单的交互式计算器，能够完成加、减、乘、除运算。

（1）输入格式

在第一行中输入一个数字，在第二行中输入一个四则运算符（+、−、*、/），在第三行中输入一个数字。

（2）输出格式

另起一行输出运算结果（保留 2 位小数）。若除法运算的分母为 0，则输出“divided by zero”。

（3）输入样例

```
7.4
/
2.1
```

（4）输出样例

```
3.52
```

（5）程序代码

```
#sl8-2.py    简单的交互式计算器（使用字典）
x=eval(input())
fh=input()
y=eval(input())
jsq={'+':'x+y','-':'x-y','*':'x*y','/':'x/y'}
if fh=='/' and y==0:
    print('divided by zero')
else:
    t=eval(jsq.get(fh))
    print(f'{t:.2f}')
```

（6）思考与讨论

设计简单的交互式菜单，可以使用 if-elif 选择结构，代码如下。

```
# 用户输入
print("选择运算：")
print("1、相加")
print("2、相减")
print("3、相乘")
print("4、相除")
choice = input("输入你的选择(1/2/3/4)：")
num1 = int(input("输入第一个数字："))
num2 = int(input("输入第二个数字："))
if choice == '1':
    print(num1,"+",num2,"=",num1 + num2)
elif choice == '2':
    print(num1,"-",num2,"=",num1 - num2)
elif choice == '3':
    print(num1,"*",num2,"=",num1 * num2)
elif choice == '4':
    print(num1,"/",num2,"=",num1 / num2)
```

```
else:
    print("非法输入")
```

【实例 8-3】输出全排列

（1）题目描述

输入整数 n（$3 \leqslant n \leqslant 7$），编写程序输出 1、2、…、$n$ 的全排列。

（2）输入格式

输入正整数 n。

（3）输出格式

输出 1、2、…、n 的全排列。每种排列占一行，数字间无空格。

（4）输入样例

```
3
```

（5）输出样例

```
123
132
213
231
312
321
```

（6）题目分析

解决问题的关键是将数字转换为列表，运用集合，进行排列，然后再输出。

本例调用的函数如下。

① shuffle()：random 库中的函数，用于打乱列表中的数。

② str()：将数字转换为字符串。

③ set()：使集合存储的元素无序不重复。

④ join()：将集合中的元素进行连接。

⑤ sorted()：将集合中的元素进行升序排列。

（7）程序代码

```
#sl8-3.py
import random
n = int(input())
t = []
sum = 1
for i in range(1,n+1):
    sum = sum * i
    t.append(str(i))
s = set()
while len(s)<sum:
    random.shuffle(t)
    s.add("".join(t))
s = sorted(s)
```

```
for i in range(0,len(s)):
    print(s[i])
```

（8）思考与讨论

输入整数 n=10，要求输出 1、2、3、…、10 的全排列。要求运行时间限制在 20 秒之内，超出该时间则认为程序错误。

提示：当 n 增大时，运行时间将急剧增加，编程时要注意尽量优化算法，提高运行效率。

【实例 8-4】统计重复数字出现的次数

编写程序，生成 1000 个 1～100 的随机整数，统计每个数字出现的次数。

（1）问题分析

用集合进行操作，还需要用到随机数函数。

（2）程序代码

```
#sl8-4.py
import random
x=[random.randint(1,100)for i in range(1000)]
d=set(x)
for v in d:
    print(v,':',x.count(v))
```

（3）思考与讨论

下面用字典进行操作。

① 方法一：先排序，后统计。

```
import random
digits=[]                                    #定义一个空列表
for item in range(1000):                     #生成 1000 个随机整数并放到列表中
    digits.append(random.randint(1,100))     #对生成的 1000 个数进行升序排序，然后添加到字典中
sorted_digits=sorted(digits)                 #升序排序
digit_dict={}                                #定义一个空字典
for digit in sorted_digits:                  #遍历已排序的列表
    if digit in digit_dict:
        digit_dict[digit]+=1                 #若键存在，则更新值
    else:
        digit_dict[digit]=1                  #在字典中添加新的键值对
print(f'数字\t 出现次数')
for i in digit_dict:
    print(f' {i}\t {digit_dict[i]}')
```

② 方法二：先统计，后排序。

```
import random
digit_dict={}                                #定义一个空字典
for i in range(1000):                        #生成 1000 个随机整数并放到字典中
    digit_key=random.randint(1,100)
```

```
        if digit_key in digit_dict:
            digit_dict[digit_key]+=1                    #若键存在，则更新值
        else:
            digit_dict[digit_key]=1                     #在字典中添加新的键值对
                                                        #对生成的 1000 个数进行升序排序，然后遍历输出
print(f'数字\t 出现次数')
for i in sorted(digit_dict.keys()):
    print(f' {i}\t {digit_dict[i]}')
```

程序运行结果如下。

```
数字   出现次数
1       12
2       9
3       8
4       11
5       7
6       11
...
```

【实例 8-5】求每门科目的最高分

以字典的形式输入 n 位同学的各科（语文、数学、英语）成绩，求出每门科目的最高分。

（1）问题分析

可以将结果保存在一个字典中，开始时该字典是一个空字典，遍历输入的成绩，更新该字典。

（2）参考程序

```
#sl8-5.py
n=int(input())
result={}
for i in range(n):
    student=eval(input())
    for k,v in student.items():
        result[k]=v if v>result.get(k,0)else result[k]
for k,v in result.items():
    print('{}: {}'.format(k,v))
```

（3）输入样例

```
2
{'语文':80,'数学':95,'英语':90}
{'语文':85,'数学':82,'英语':76}
```

（4）输出样例

```
语文：85
数学：95
英语：90
```

四、实验内容

1. 在 IDLE 中依次输入下列语句，将输出结果填写在横线处。

（1）定义字典的方法

```
>>>keys=['name','age','sex']
>>>values=['zhangsan',18,'Male']
>>>dict1=dict(zip(keys,values))
>>>dict1                                        #输出结果为：__________
>>>dict2=dict(name='zhangsan',age=18,gender='Male')
>>>dict2                                        #输出结果为：__________
```

（2）字典元素的访问

```
>>>dict3={"Zhejiang":"Hangzhou","Jiangsu":"Nanjing"}
>>>dict3["Zhejiang"]                            #输出结果为：__________
>>>dict3.get("Zhejiang")                        #输出结果为：__________
```

（3）字典元素的修改

```
>>>dict4={'name':'zhangsan','age':18,'gender':'Male'}
>>>dict4['score']=88
>>>dict4                                        #输出结果为：__________
>>>dict4.pop('score')
>>>dict4                                        #输出结果为：__________
>>>dict4.clear()
>>>dict4                                        #输出结果为：__________
```

（4）字典的遍历

```
>>>user_password={"zhangsan":"abc123","lisi":"123456","wangwu":'666666', "zhaoliu":"888888"}
>>>for name in user_password.keys():
        print(name,end=" ")                     #输出结果为：__________
>>>for password in user_password.values():
        print(password,end=" ")                 #输出结果为：__________
>>>for k,v in user_password.items():
        print(k,v)                              #输出结果为：__________
>>>for name in user_password.items():
        print(name,end=" ")                     #输出结果为：__________
```

2. 在 IDLE 中依次输入下列语句，将输出结果填写在横线处。

（1）集合的创建

```
>>>set1={1,2,3,4,3,2,1}
>>>set1                                         #输出结果为：__________
>>>set2=set('abcdcba')
>>>set2                                         #输出结果为：__________
```

（2）集合的基本操作

```
>>>set3={1,2,3}
```

```
>>>set3.add(4)
>>>set3                                    #输出结果为：__________
>>>set3.discard(1)
>>>set3                                    #输出结果为：__________
>>>set3.pop()
>>>len(set3)                               #输出结果为：__________
```

（3）集合运算（交、并、差、对称差）

```
>>>set4={10,20,30}
>>>set5={20,30,40}
>>>set4&set5                               #输出结果为：__________
>>>set4|set5                               #输出结果为：__________
>>>set4-set5                               #输出结果为：__________
>>>set4^set5                               #输出结果为：__________
```

3. 在 IDLE 中依次输入下列语句，将输出结果填写在横线处。

（1）字典与列表的转换

```
>>>x={'a':1,'b':2,'c':3}
>>>key_value=list(x.keys())
>>>key_value                               #输出结果为：__________
>>>value_list=list(x.values())
>>>value_list                              #输出结果为：__________
>>>x=[70,80,90]
>>>y=['zhangsan','lisi','wangwu']
>>>print(dict(zip(y,x)))                   #输出结果为：__________
```

（2）集合与列表、元组的转换

```
>>>s=set([1,2,3,1,2,4,6])
>>>s                                       #输出结果为：__________
>>>len(s)                                  #输出结果为：__________
>>>list1=list(s)
>>>list1                                   #输出结果为：__________
>>>s_score=set([('zhangsan',90),('lisi',70),('wangwu',80)])
>>>for x in s_score:
        print(x[0],':',x[1])               #输出结果为：__________
```

（3）字典与列表

```
>>>stu={"zhangsan":{"Python":92,"Math":88,"English":85},"lisi":{"Python":88,"Math":77,"English":89}}
>>>len(stu)                                #输出结果为：__________
>>>list(stu.keys())                        #输出结果为：__________
>>>list(stu["zhangsan"].keys())            #输出结果为：__________
```

4. 输入一系列数据，降序输出这些数据，重复元素只输出一次（用集合实现）。

5. 求指定区间内能被 3、5、7 整除的数的个数（用集合实现）。

6. 编写程序，使用给定的整数 *n* 生成一个字典，该字典包含 1～*n* 的整数（两者都包含），然后输出字典。

7. 一个四位数的各位数字互不相同，所有数字之和等于 6，并且这个数是 11 的倍数。满足这种要求的四位数有多少个？分别是什么？

8. 编写程序，生成 100 个 0～10 的随机整数，并统计每个整数出现的次数（使用集合）。

9. 查找下列字典中值以“A”或“a”开头的所有键值对。

```
dic={'k1':"adolescent",'k2':"amusement",'k3':"academy",'k4':"Accountant",'k5':"education"}
```

10. 用户名和密码登录（用字典实现）。用户输入用户名和密码，当用户名及密码与下列字典中的键值对匹配时，显示“登录成功”，否则显示“登录失败”，登录失败时允许重复输入三次。

```
dic = {'zhanggong':'123456','张三':'1234567','李四':'12345678','王五':'password'}
```

11. 从以下字典中随机选取一首古诗，回答古诗的作者是谁。若回答正确，显示“回答正确”，否则显示“回答错误”，并显示正确的作者。

```
poet={'锄禾':'李绅','九月九日忆山东兄弟':'王维','咏鹅':'骆宾王','秋浦歌':'李白','竹石':'郑燮','石灰吟':'于谦','示儿':'陆游',"静夜思":"李白"}
```

12. 随机生成有 100 个英文字母的字符串，统计每个字母出现的次数。

13. 某班需要选取 10 位同学参加一项趣味游戏，该班有 60 位同学，学号为 20220001～20220060。从中随机选择 10 位同学，将这 10 位同学的学号从小到大排序后输出。

14. 假设有 5 位同学来自同一个专业，他们各自选修了不同的课程。

```
classmates = ['张贝','卢奇','杨方','周宁','唐玉']
courses = ['高等数学','Python 程序设计','电工电子学','体育']
grade_course = [grade1,grade2,grade3,grade4]
```

4 门课程的成绩单如下。

```
grade1={'张贝':89,'卢奇':95,'杨方':67,'周宁':75}
grade2={'张贝':75,'卢奇':79,'杨方':79}
grade3={'杨方':87,'周宁':91,'唐玉':75}
grade4={'张贝':89,'卢奇':86,'唐玉':99}
```

统计每位同学选修了几门课，并生成个人成绩单，示例如下。

```
张贝选修了 3 门课程：
高等数学：89
Python 程序设计：75
体育：89
```

实验9 函 数

一、实验目的

1. 掌握自定义函数的定义、调用方法和参数传递方法。
2. 掌握递归函数的设计方法。

二、知识要点

1. 函数的定义

函数是组织好的、可重复使用的、用来实现一定功能的代码段。

从用户的角度而言，函数分为库函数和用户自定义函数。库函数有很多，包括可以直接调用的内置库函数以及其他标准库或扩展库中的函数，例如range( )、print( )、abs( )、max( )、min( )、sum( )、sqrt( )、randint( )等。

函数的定义由函数头和函数体两部分组成，形式如下。

```
def 函数名([形参列表]):
    函数体
    [return 返回值列表]
```

2. 函数的调用方法

定义函数之后必须调用才能起作用，调用形式如下。

```
[变量=]函数名([实参列表])
```

无返回值的函数一般以语句的形式调用，有返回值的函数一般以表达式的形式调用。

3. 函数的参数传递

参数传递是指在程序运行过程中，实际参数将参数值传递给相应的形参，然后在函数中实现数据处理和返回。

调用函数时，先把实参依序传递给形参，然后执行函数体中的语句，执行到return语句或函数结束时，程序流程返回到调用点。

① 位置参数。位置参数是指必须按照正确的顺序将实参传递到函数中，实参的数量、

位置必须和定义函数时完全一致。

② 默认值参数。定义参数时，可以为参数指定默认值。如果在传递参数时，没有传入参数的值，则会用默认值替代；如果已传入参数，则该默认值不起作用。

③ 关键字参数。关键字参数通过“参数名=值”的形式传递，无须按照参数的位置依次传递，这样可以让函数更加清晰、易用。

④ 可变数量参数。定义函数时，有时并不知道调用时会传入多少个参数，这时就可以使用可变数量参数。使用可变数量参数时，参数前面应添加“*”。

⑤ 可变关键字参数。可变数量参数虽然可以提供任意数量的参数，但参数是以元组形式存在的。如果需要提供任意数量的键值对类型参数，可在形参前面加两个“*”（“**形式参数”），此参数即为可变关键字参数。

4. 函数的返回值

函数的返回值是通过 return 语句返回给调用者的值。函数没有 return 语句时，Python 会返回“None”。

5. 变量的作用域

Python 中的变量按照作用域的不同可分为全局变量和局部变量。全局变量在整个代码文件中声明，可以在全局范围内使用；局部变量在某个函数内部声明，只能在函数内部使用。

6. 匿名函数

Python 语言使用 lambda 关键字创建匿名函数，定义的形式如下。

```
[函数名=]lambda [参数 1[,参数 2,...,参数 n]]:表达式
```

lambda 关键字的参数位于 lambda 和“:”之间，可以有 0 个或多个参数。若有多个参数则以“,”分隔，其主体部分是一个表达式。可以通过赋值语句给匿名函数取名，代码如下。

```
f1=lambda a,b:a if a>=b else b                    #创建包含两个参数的匿名函数，取名为 f1
print(f1(12,34))
c=1
f2=lambda a,b:c if a>b else 0                     #匿名函数的主体部分中只能使用参数和全局变量
print(f2(123,78))
f3=lambda a:a**3                                  #有一个参数的匿名函数，取名为 f3
print(f3(3))
f4=lambda:"Hello"                                 #无参数匿名函数，取名为 f4
print(f4())
```

运行结果如下。

```
34
1
27
Hello
```

7. 递归函数

递归函数是直接或间接调用自身的函数，可分为直接递归函数和间接递归函数。

边界条件（递归出口）与递归方程（递归式）是递归函数的两个要素，只有具备了这两个要素，才能在有限次计算后得出结果。

对于简单的递归函数，关键是得到递归式，然后用 if 语句表达。

递归是实现分治法和回溯法的有效手段。分治法是指将一个难以直接解决的大问题分割成一些规模较小的相似问题，各个击破，分而治之。回溯法是一种按照条件往前搜索，在不能往前时退回上一步再继续搜索的方法。

拓展阅读

为了降低编程难度，通常将一个复杂的大问题分解成一系列更简单的小问题，通过函数和模块来实现相应的功能。

在实际工作中，面对问题，团队要分工合作，面对困难要分而治之，逐个击破。

通过学习函数和模块设计，学生要养成以人为本、团结协作的设计理念和爱国敬业的理想情怀。

三、实例解析

【实例 9-1】求 1!+3!+5!+…+*n*!

（1）问题分析

使用普通方法求阶乘，编写函数，使用循环结构算出阶乘，再返回阶乘数值，最后累加阶乘。

（2）算法设计

使用输入语句“n=int(input())”获得 n 的值并定义用于储存结果的 s 的初值为 0。然后使用 for 循环逐步计算，每次循环都调用 fact(m)函数，计算 1、3、5 等数的阶乘并返回，最后用输出语句输出阶乘和。

（3）程序代码

```
#sl9-1.py
def fact(m):
    s=1
    for j in range(1,m+1):
        s *= j
    return s
n = int(input())
s= 0
for i in range(1,n+1,2):
    s += fact(i)
print(f'n={n},s={s}')
```

（4）运行结果

输入：

```
5
```

输出：

```
n=5,s=127
```

（5）思考与讨论

也可以用递归算法，计算公式如下。

$$n!=\begin{cases}1 & n=1\\ n(n-1)! & n>1\end{cases}$$

定义函数的代码如下。

```
def fact1(m):
    if m==1:s=1
    else:
        s = m*fact1(m-1)
    return s
```

【实例 9-2】求最大公约数

编写一个求最大公约数的函数。输入两个整数，调用该函数，计算它们的最大公约数。

（1）问题分析

在函数中，要判断的数应该作为参数由主函数传递过来，将经过函数内部运算求得的最大公约数作为返回值。

（2）算法设计

算法流程图如图 9-1 所示。

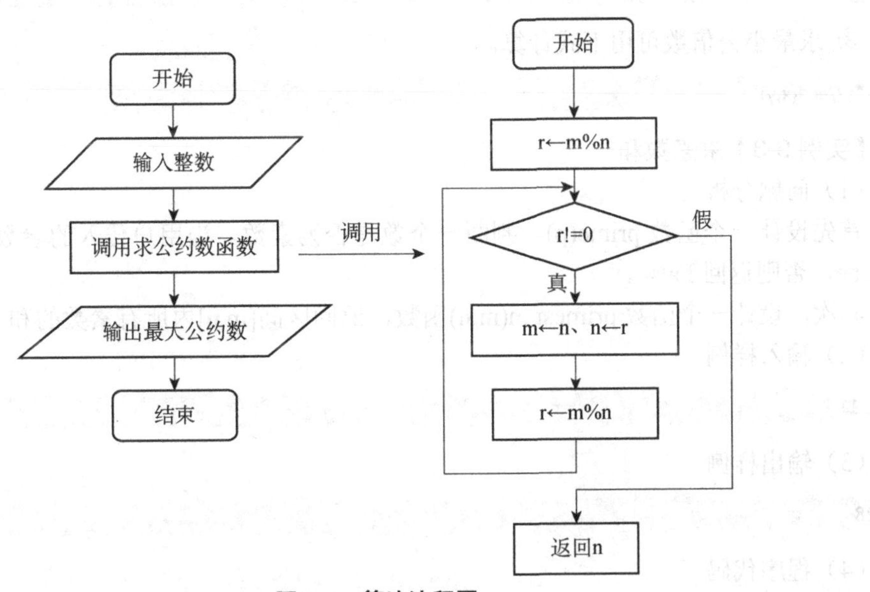

图 9-1　算法流程图

（3）程序代码

```
#sl9-2.py
def gcd(m,n):
```

```
    r= m % n
    while r!=0:
        m=n
        n=r
        r= m % n
    return n
x,y = map(int,input().split())
z=gcd(x,y)
print(z)
```

（4）思考与讨论

① 可用以下方法定义函数。

```
def gcd(m,n):
    min = n if m > n else m
    for i in range(1,min + 1):
        if m % i == 0 and n % i == 0:
            gcd1 = i
    return gcd1
```

② 可用递归算法定义函数，代码如下。

```
def gcd(m,n):
    if m%n == 0:
        return n
    else:
        return gcd(n,m%n)
```

③ 求最小公倍数可用下式计算。

```
x*y//gcd(x,y))
```

【实例 9-3】求素数和

（1）问题分析

首先设计一个函数 prime(p)，判断一个数是否为素数。当用户传入的参数 p 为素数时返回 True，否则返回 False。

其次，设计一个函数 primesum(m,n)函数，返回区间[m,n]内所有素数的和。

（2）输入样例

```
2 11
```

（3）输出样例

```
28
```

（4）程序代码

```
#sl9-3.py
def prime(p):
    i=2
    while i*i<=p:
```

```
            if p%i==0:
                return False
            i+=1
        return True
def primesum(m,n):
    sum=0
    for i in range(m,n+1):
        if prime(i)and i!=1:
            sum+=i
    return sum
m,n=map(int,input().split())
s=primesum(m,n)
print(s)
```

【实例 9-4】完全数的判断

定义一个函数用于判断整数 n 是否为完全数，返回判断结果和其所有真因数，调用该函数找出区间[a,b]内的所有完全数（完全数恰好等于除自身外的因数之和）。

（1）输入格式

在一行中输入 2 个正整数 a 和 b（$1<a\leqslant b\leqslant 10000$），用空格分隔。

（2）输出格式

逐行输出给定范围内每个完全数的因数累加形式的分解式，每个完全数占一行，格式为“完全数=因数 1+因数 2+…”，其中完全数和因数均按递增顺序给出。若区间内没有完全数，则输出“None”。

（3）程序代码

```
#sl9-4.py
def judge(a):
    component=[]                        #用于存放因数
    s=0
    for i in range(1,a):
        if a%i==0:                      #i 是 a 的因数
            s+=i
            component.append(i)         #将因数加到列表尾部
    if s==a:                            #a 是完全数
        return True,component
    else:
        return False,component
n,m=map(int,input().split())
cnt=0
for i in range(n,m+1):
    flag,num=judge(i)
    if flag==True:
        cnt+=1
        newnum=map(str,num)
        print(f"{i}={'+'.join(newnum)}")
if cnt==0:
    print('None')
```

（4）运行结果

输入：

```
2 100
```

输出：

```
6=1+2+3
28=1+2+4+7+14
```

【实例 9-5】兔子问题

意大利数学家斐波那契是中世纪欧洲数学界的代表人物，他提出的“兔子问题”引起了后人的极大兴趣。

假设一对大兔子每个月可以生一对小兔子，而小兔子在出生两个月后有繁殖能力，请问从一对小兔子开始，n 个月后有多少对兔子？

（1）输入格式

输入一个正整数 n（$1 \leqslant n \leqslant 46$）。

（2）输出格式

对于每组测试，输出 n 个月后的兔子对数。

（3）输入样例

```
10
```

（4）输出样例

```
55
```

（5）问题分析

这是一个递推问题，可以构造一个递推表格，如表 9-1 所示。

表 9-1 “兔子问题”的递推表格

时间/月	小兔子/对	大兔子/对	总数/对
1	1	0	1
2	0	1	1
3	1	1	2
4	1	2	3
5	2	3	5
6	3	5	8
7	5	8	13

由表 9-1 可得，兔子总数构成数列 1,1,2,3,5,8,13,…。可以发现此数列的第一、二项为 1，从第三项起，每一项都是前两项的和。

（6）程序代码

```
#sl9-5.py
def fib(n):
    f1=1
    f2=1
    if n == 1 or n==2:
```

```
        return 1
    for i in range(2,n):
        f=f1+f2
        f1,f2=f2,f
    return f
n=int(input())
res=fib(n)
print(res)
```

（7）思考与讨论

① 递归式如下。

$$\mathrm{fib}(n)\begin{cases}1 & n=1、2\\ \mathrm{fib}(n-1)+\mathrm{fib}(n-2) & n>2\end{cases}$$

根据递归式，可以写出斐波那契数列的递归函数。

```
def fib(n):                               #使用递归函数求斐波那契数列的第 n 项
    if n == 1 or n==2:                    #递归终止条件
        return 1
    else:
        return fib(n - 1)+ fib(n - 2)     #函数的递归调用
```

② 使用递归函数还是循环结构取决于问题的本质。哪种方法能设计出更自然的解决方案，就选用哪种方案。对于某些问题，如汉诺塔问题，使用递归函数能得到一个清晰、简洁的解决方案，而使用其他方法则比较困难。如果可以直接设计出循环结构，就用循环结构。如果在意程序的性能，则应该尽量避免使用递归函数。

③ 可以用下面的程序计算程序运行耗费的时间，对程序的性能进行分析。

```
import time
n=int(input())
start=time.time()
print("斐波那契数列第%d 项的值：%d"%(n,fib(n)))
end=time.time()
print("运行时间：%d 毫秒"%(int((end-start)*1000)))
```

④ 若在本地运行时输入的 n 为 40，程序需要运行较长时间才能得到结果，若在线提交，一般将得到超时反馈。一般而言，递归的深度不宜过大，否则程序的执行效率过低，需要考虑其他数据结构和算法。

关于斐波那契数列，有许多有趣的知识，读者可上网查阅。

四、实验内容

1. 阅读程序，写出程序的运行结果。

（1）阅读下面的程序，写出程序的运行结果。

```
z=50
```

```
def func1(x,y):
    x1=x
    y1=y
    print(f'In func1:x1={x1},y1={y1},z={z}')
def func2():
    x1=10
    y1=20
    z=5
    print(f'In func2:x1={x1},y1={y1},z={z}')
func1(2,3)
func2()
print(f'z={z}')
```

（2）阅读下面的程序，写出程序的运行结果。

```
def power(x,n=2):                              #默认参数 n 的值为 2
    s = 1
    while(n > 0):
        s =s *x
        n=n-1
    return s
print(5,"**",2,"=",power(5))                   #调用函数时，如果没有指定第二个参数 n，则采用默认值 2
print("4 ** 3 =",power(4,3))                   #调用函数时，如果指定了第二个参数 n 的值，就采用指定的值
```

（3）阅读下面的程序，写出程序的运行结果。

```
def func(a,b,*c):
    print("a:",a)
    print("b:",b)
    print("c:",c)
func(1,2,3,4,5)
func(1,2)
```

2. 编写自定义函数 fact(n)，计算阶乘。

3. 输入实参（正整数），调用自定义函数 sum(x)，计算各位数字之和并输出结果。

4. 计算 $s=1+1/2!+\cdots+1/n!$。

要求编写自定义函数 fact(n)，计算阶乘，调用该函数求和。

5. 求一元二次方程 $ax^2+bx+c=0$ 的根。

编写一个求根函数 getRoot(a,b,c)，输入一元二次方程的三个系数。如果方程有实根，则计算并返回根的元组；如果没有实根，则返回 None。

6. 给定两个正整数 a 和 n（$a\geqslant1$、$n\leqslant9$），求 $a+aa+aaa+\cdots+aa\cdots aa$（$n$ 个 a）的值。

要求编写函数 fn(a,n)，函数接口的定义如下。

```
fn(a,n)
```

其中 a 和 n 是用户传入的参数，a 的范围是[1,9]，n 是[1,9]区间内的个位数。

测试程序样例如下。

```
a,n=map(int,input().split())
```

```
s=fn(a,n)
print(s)
```

7. 求比整数 *n* 大的最小回文数。

要求写一个判断整数是否是回文数的函数 isSymmetric(n) 以及求逆序数的函数 revNum(n)。判断整数是否是回文数的函数 isSymmetric(n)中的 n 是用户输入的参数，若 n 等于其逆序数则返回 True，否则返回 False。求逆序数的函数 revNum(n)中的 n 是用户输入的参数，返回 n 的逆序数。

测试程序样例如下。

```
n=int(input())
while True:
    n+=1
    if isSymmetric(n)==True:          #若n是回文数，则输出结果并结束循环
        print(n)
        break
```

8. 若将某素数的各位数字颠倒顺序后得到的数仍是素数，则此数是可逆素数（回文素数）。

编写判断素数的函数 isprime(num)和求逆的函数 rev(n)。输入两个整数 a、b，调用函数输出 a 到 b 之间（包括 a 和 b）的可逆素数。判断素数的函数 isprime(num)中的 num 是用户输入的参数，若 num 是素数则返回 True，否则返回 False。求逆的函数 rev(n)中的 n 是用户输入的参数，返回 n 的逆序数。

测试程序样例如下。

```
a,b=map(int,input().split())
for i in range(a,b+1):
    if(isprime(i)):
        if isprime(rev(i)):
            print("%d"%i," ",end="")
```

9. 求自然数 *i* 以内的所有完全数。

要求编写函数 isPerfectNum(num)判断一个自然数是否为完全数。num 是用户输入的参数，若 num 是完全数则返回 1，否则返回 0。

测试程序样例如下。

```
m=int(input())
for i in range(2,m):
    if isPerfectNum(i):
        print("%d"%i,end=" ")
```

10. 计算组合数，从 *n* 个元素中取出 *m* 个元素的组合数的计算公式如下。

$$C_n^m = \frac{n!}{m!(n-m)!}$$

定义两个函数，函数名及参数要求如下。

```
Fun_Fact(x)                  #定义阶乘函数，求阶乘
Fun_Comb(m,n)                #调用阶乘函数计算组合数
```

输入要求：n 和 m 均为正整数；如果输入非法数据，则提示“Error data !”。

x、n、m 都是用户输入的参数，均为正整数且 n≥m；第二个函数 Fun_Comb(n,m)返回组合数的值。

测试程序样例如下。

```
a,b = input().split(',')
if a.isdecimal()and b.isdecimal()and(int(a)<=int(b)):
    Comb_Result = Fun_Comb(int(a),int(b))
    print("result={:.2f}".format(Comb_Result))
else:
    print("Error data!")
```

11. 使用函数统计指定数字的个数，要求定义以下函数。

```
CountDigit(number,digit)
```

其中 number 是整数，digit 为[1,9]区间内的整数。函数返回 number 中 digit 出现的次数。

测试程序样例如下。

```
number,digit=input().split()
number=int(number)
digit=int(digit)
count=CountDigit(number,digit)
print("Number of digit 2 in "+str(number)+":",count)
```

12. 求列表或元组中的数字之和，要求编写函数 flatten(items)，传入列表或元组，返回数字的和。如列表或元组为[11,2,[3,7],(68,−1),"123",9]，返回 99。

13. 春节期间小明在微信群里抢到很多红包，有时是“手气王”，有时却只抢到几分。请编写一个程序，实现微信红包的随机分配。用户输入红包金额和份数，输出每个红包的金额。

要求：输入人数、金额，调用函数进行计算，输出各个红包的金额。

实验 10 文 件

一、实验目的

1. 理解文件的基本概念。
2. 掌握文件的打开和关闭方法。
3. 掌握文件的读写方法。

二、知识要点

1. 文件

Python 中的一切皆对象，因此文件也是对象。访问文件的基本步骤是打开文件→读写文件→关闭文件。

2. 文件的打开和关闭

文件的打开语句如下。

```
文件对象 file =open(文件名[,模式][,encoding=编码模式])
```

文件打开模式分为读打开、写打开、追加打开，如表 10-1 所示。

表 10-1 文件打开模式

模式	含义
'r'	只读模式（默认，文件不存在则出错）
'w'	覆盖写模式（不存在则新创建，存在则重写新内容）
'a'	追加写模式（不存在则新创建，存在则只追加内容）
'x'	创建写模式（不存在则新创建，存在则出错）
'+'	与以上模式一起使用，增加读写功能
't'	与以上模式一起使用，表示文本文件（默认）
'b'	与以上模式一起使用，表示二进制文件

文件的关闭语句如下。

```
文件对象 file.close()
```

若文件和源程序不在同一位置，则要写上绝对路径。假设 D 盘的 data 目录下存放着文件 demo.txt，则该文件的绝对路径应该由盘符、各级目录以及文件名三部分组成，即 D:\data\demo.txt。在 Python 中可以使用以下字符串来表示文件的绝对路径：'D:\\data\\demo.txt'、r'D:\Python\demo.txt'、'D:/data/demo.txt'。

Python 引入了 with 语句来自动调用 close( )方法，代码如下。

```
with open('/path/file','r')as f:
    print(f.read())
```

3. 读取文件的方法

读取文件的方法如表 10-2 所示。

表 10-2 读取文件的方法

方法	描述
read([size])	从文本文件中读取 size 个字符的内容作为结果返回，或从二进制文件中读取指定数量的字节并返回，如果省略 size 则表示读取所有内容
readline()	从文本文件中读取一行内容作为返回结果
readlines()	把文本文件中的每行文本作为一个字符串存入列表中，返回该列表
seek(offset,whence)	改变当前文件操作指针的位置，offset 为指针偏移量，whence 为代表参照物（有 3 个取值，0 表示文件开始，1 表示当前位置，2 表示文件结尾）
tell()	返回文件指针的当前位置

4. 写入文件的方法

写入文件的方法如表 10-3 所示。

表 10-3 写入文件的方法

方法	描述
write(s)	向文件中写入一个字符串或字节流
writelines(lines)	将一个元素是字符串的列表写入文件

5. CSV 文件的读写方法

以逗号分隔的存储格式称为 CSV（Comma-Separated Values）格式，即逗号分隔值。它是一种通用的、相对简单的文件格式，在商业和科学领域应用广泛，大部分编辑器都支持直接读取或保存 CSV 格式的文件。其后缀名是.csv，可以通过记事本或 Excel 打开。

CSV 文件的一行是一个一维数据，多行 CSV 数据可以看成二维数据。

三、实例解析

【实例 10-1】读取并输出文本文件

假设 D 盘中有一个“10-1 三重境界.txt”记事本文件，以只读的方式将其打开并在屏幕上显示其内容。

打开当前目录中的文件，使用 read( )、readline( )、readlines( )函数读取文件中的数据，并输出到屏幕上。

先看下面的程序。

```
#sl10-1.py
f = open('10-1 三重境界.txt','r',encoding ='utf-8')          #以只读模式打开文件
for line in f:                                              #对文件对象进行逐行遍历
    print(line.strip())                                     # line.strip()函数用于去掉行末的换行符，消除空行
f.close()                                                   #关闭文件
```

运行结果如下。

```
人间词话
王国维
昨夜西风凋碧树，独上高楼，望尽天涯路。
衣带渐宽终不悔，为伊消得人憔悴。
众里寻他千百度，蓦然回首，那人却在，灯火阑珊处。
```

根据读取要求的不同，可以将读取方法分为按照指定字符数进行读取、按行读取、全部行读取。

① 使用 read(n)方法可以读取若干个字符，n 为可选参数，表示需要读取的字符个数，如果默认，则表示读取所有内容。

```
#sl10-1a.py
with open('10-1 三重境界.txt','r',encoding ='utf-8') as f:
    print(f.read())
```

运行结果如下。

```
人间词话
王国维
昨夜西风凋碧树，独上高楼，望尽天涯路。
衣带渐宽终不悔，为伊消得人憔悴。
众里寻他千百度，蓦然回首，那人却在，灯火阑珊处。
```

② readline( )方法可以每次只读取一行数据。

```
#sl10-1b.py
with open('10-1 三重境界.txt','r',encoding ='utf-8') as f:
    print(f.readline())
```

运行结果如下。

```
人间词话
```

③ readlines( )方法用于读取文件中的所有行，返回一个以行为元素的列表。

```
#sl10-1c.py
with open('10-1 三重境界.txt','r',encoding ='utf-8') as f:
    print(f.readlines())
```

运行结果如下。

```
['人间词话\n', '王国维\n', '昨夜西风凋碧树，独上高楼，望尽天涯路。\n', '衣带渐宽终不悔，为伊消得人憔悴。\n', '众里寻他千百度，蓦然回首，那人却在，灯火阑珊处。']
```

拓展阅读

学习编程的过程其实和王国维提出的人生三重境界相似，需要经过迷茫、努力、水到渠成。人生也一样，要成功必须立志、奋斗，并付出超人的努力，为实现自己的理想而不懈奋斗。

【实例 10-2】二进制文件的操作

将图片“panda.jpg”以二进制文件的方式写入新文件“熊猫.jpg”中。

（1）问题分析

二进制文件包括图形、图像、音频、视频、数据库等。在二进制文件中，信息以字节的形式进行存储，需要使用正确的软件进行解码或反序列化，才能进行进一步处理。

首先使用 open()函数以二进制形式打开图片，打开方式为 rb，然后用 open()函数打开新文件，打开方式为 wb，写入新文件中。

（2）程序代码

```
#sl10-2.py
file='panda.jpg'
with open(file,'rb') as f1:
    newfile='熊猫.jpg'
with open(newfile,'wb') as f2:
    fbl=880*1130
    while True:
        con=f1.read(fbl)
        if not con:
            break
        f2.write(con)
print("图片复制完成。")
```

运行结果如图 10-1 所示。

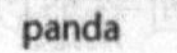

图 10-1 二进制文件的操作结果

【实例 10-3】CSV 文件的操作

将 datas=[['name','score']、['zhangsan',85]、['Lisi',80]、['Wangwu',90]] 写入 CSV 文件 score.csv 中，再读取其内容。

（1）问题分析

① 使用 open( )函数打开文件，打开方式为 w，将 datas 中的数据写入 CSV 文件，写入后的 CSV 文件如图 10-2 所示。

注意：在 open( )函数中，需要指定参数 newline=''，否则每写入一行，将有一个空行被写入。

② 使用 open( )函数打开文件，打开方式为 r，读取文件中的内容。

score - 记事本
文件(F) 编辑(E) 格式(O) 查看(V) 帮助(H)
name,score
zhangsan,85
Lisi,80
Wangwu,90

图 10-2　写入后的 CSV 文件

（2）程序代码

```
#sl10-3.py
import csv
datas=[['name','score'],['zhangsan',85],['Lisi',80],['Wangwu',90]]
with open('score.csv','w',newline=' ') as f1:
    writer=csv.writer(f1)
    for row in datas:
        writer.writerow(row)
print("数据写入完成。")
with open('score.csv','r') as f2:
    reader=csv.reader(f2)
    rows=[row for row in reader]
    print(rows)
```

运行结果如下。

```
数据写入完成。
[['name','score'],['zhangsan','85'],['Lisi','80'],['Wangwu','90']]
```

（3）思考与讨论

① 也可以使用 writer.writerows( )函数一次性写入多行，代码如下。

```
import csv
datas=[['name','score'],['zhangsan',85],['Lisi',80],['Wangwu',90]]
with open('score1.csv','w',newline='') as f1:
    writer=csv.writer(f1)
    writer.writerows(datas)
print("数据写入完成。")
```

② 可以使用 pandas 库写入 CSV 文件。首先将数据整理成 DataFrame 格式，然后使用 pandas 中的 to_csv( )函数写入 CSV 文件。再使用 read_csv()函数读取 CSV 文件，返回 DataFrame 格式的数据。

四、实验内容

1. 统计一个字符文件 file1.txt 中的字符个数。
2. 将所有水仙花数写入 D 盘中的 output.txt 文件中。
3. 已知 D 盘中有一个文件 source.txt，输入一个整数，要求将 source.txt 文件中能被该整数整除的整数写入 D 盘中的 destination.txt 文件中。

4. 定义一个文件复制函数，将一个文本文件复制到另一个文本文件中。

5. 输入姓名（例如“ZhangSan”），在 txl.dat 文件中查找，若文件中已有刚刚输入的姓名，则显示“姓名已存在”；若文件中没有刚刚输入的姓名，则将该姓名存入文件中。

6. 编写一个程序，实现以下功能。

① 随机产生 20 个 1～100 的随机整数，写入 ran-shuju.txt 文件中。

② 从文本文件 ran-shuju.txt 中读取数据，计算并输出标准方差。

7. 有一份文件（编码格式为 UTF-8），文件中包含一些敏感信息。现在需要一份去除了敏感信息的版本，将文件中所有手机号码的 4～7 位和身份证号码的 7～14 位用“*”代替。

8. 青少年体质调查。一些学生数据保存在 student.csv 文件中，文件的第一行是学号、班级、性别、身高、体重，从第二行开始是具体数据。请编写程序实现以下功能。

① 读取 student.csv 文件中的信息，计算每个学生的身体质量指数（BMI），并将结果保存到 BMI.csv 文件中。

② 统计学生的身体质量指数，输出各种情况所占的百分比（BMI<18.5 属于偏瘦，BMI 介于 18.5 和 24 之间属于正常，BMI>24 属于过重）。

9. 读取“年度新生人口和死亡人口.xls”文件的内容，该文件收录了 1949 年～2016 年我国部分地区的新生人口、死亡人口、净增人口数据。

拓展知识：程序日志模块 logging

不管用哪种程序语言，不管在什么岗位，日志是必须输出的部分，日志记录可以帮助我们查看程序的执行情况，快速定位问题。

在比较小的项目或在程序的开发过程中，为了查看程序的运行情况，很多时候会使用 print 语句直接输出日志，这样更方便。如果项目稍微大一些，则使用 print 语句就不利于进行日志管理了。Python 中有专门的日志模块 logging 供编程人员使用。

Python 中的日志按照重要程度分为 5 个级别，从低到高依次是 debug、info、warning、error、critical。

实验 11　调试和异常处理

一、实验目的

1. 了解常见的程序错误及解决方法。
2. 掌握 Python 程序的调试方法。
3. 掌握 try-except 语句的使用方法。
4. 学会借助异常捕捉程序中出现的错误。
5. 学会用 raise 语句处理异常。

二、知识要点

1. 常见的程序错误

程序是很容易出错的，程序错误称为 Bug，而检查 Bug 的过程称为调试（Debug）。

一个程序可能出现 3 种错误，即语法错误、运行时错误、语义错误。

① 语法错误，如输入错误、按键错误、内容错误等。

② 运行时错误，如交互错误、资源错误、兼容性错误、环境错误等。

③ 语义错误，如逻辑错误、算法错误等。

2. 异常

异常是指程序运行过程中出现的错误或遇到的意外情况，若这些异常得不到有效处理，会导致程序终止运行。

Python 中的每个异常都是类的实例，Python 的内建类除了所有异常的基类 BaseExcept 和常规异常的基类 Exception，其他常见的异常类如表 11-1 所示。

表 11-1　常见的异常类

名称	说明
NameError	尝试访问一个没有申明的变量
ZeroDivisionError	除数为 0
SyntaxError	语法错误
IndexError	索引超出序列范围

（续表）

名称	说明
KeyError	请求一个不存在的关键字
IOError	输入/输出错误，例如要读的文件不存在
AttributeError	尝试访问未知的对象属性
ValueError	传给函数的参数类型不正确，例如给 int( )函数传入字符串'3.14'
FileNotFoundError	未找到指定文件

3. 异常处理

① try…except…else…finally 语句的语法格式如下。

```
try:
    可能发生异常的语句块
except 异常类型 1:
    处理异常类型 1 的语句块
except 异常类型 2:
    处理异常类型 2 的语句块
...
except 异常类型 n:
    处理异常类型 n 的语句块
except:
    提示其他异常语句块
else:
    未出现异常时执行的语句块
finally:
    finally 语句块
```

无论是否检测到异常，finally 子句都会执行一段代码。我们可以丢掉 except 子句和 else 子句，单独使用 try…finally 子句，也可以配合 except 子句使用（else 子句和 finally 子句可以不写）。

② 使用 raise 语句显式地抛出异常。如果某个函数可能发生异常，但程序员不想在该函数中处理这个异常，Python 允许程序员主动抛出异常，可以用 raise 关键字来实现，语法格式如下。

```
raise [异常类别("字符串")]
```

其中，异常类别（"字符串"）用于指定抛出的异常名称和一些提示信息，该参数可选，如果默认，则会把异常信息按原样抛出。

4. 程序的基本调试方法

① 语法错误的调试。对于编译错误，Python 解释器会直接抛出异常，可以根据输出的错误信息修改代码。

② 运行时错误的调试。对于运行时错误，Python 解释器也会抛出异常，可以通过 try…

except 语句捕获异常并处理。

③ 语义错误的调试。这种调试方法包括断点跟踪查看变量、输出部分变量等。

三、实例解析

【实例 11-1】Python 程序调试

（1）操作过程

① 启动 Python IDLE。

② 编辑程序，输入以下代码。

```
a,b = "12,8".split(",")
a,b = int(a),int(b)
c = a % b
while c:
    a,b = b,c
    c = a % b
print(b)
```

③ 正常执行需要调试的程序。依次选择“Run”→“Run Module”（或直接按“F5”键），运行程序。

④ 进行调试模式。依次选择 “Debug”→“Debugger”，打开“Debug Control”窗口，如图 11-1 所示。

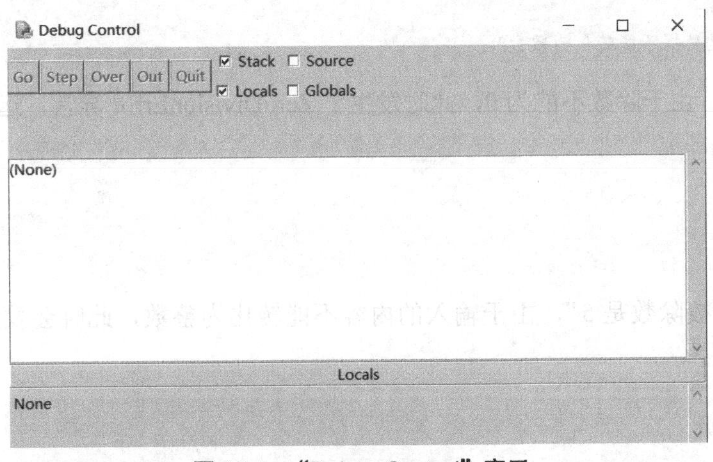

图 11-1 “Debug Control”窗口

⑤ 设置调试断点。选择要设置断点的行，并单击鼠标右键，在弹出的快捷菜单中选择“set Breakpoint”命令，此行变为黄色，程序运行到此行时会暂停。

⑥ 在调试模式下运行程序。运行程序，在“Debug Control”窗口中按“F5”键，运行到断点行，观察各变量的当前值。

⑦ 完成调试。可以根据需要选择调试窗口中显示的内容，如 Stack、Source、Locals、Globals 等。单击“Go”按钮即可运行到断点处，单击“Step”按钮则一行一行向下运行（单行执行），单击“Over”按钮则进入所调用的函数内部，单击“Out”按钮则跳出函数

体，单击“Quit”按钮则停止运行。观察各变量的当前值。

（2）思考与讨论

分析以下程序，并进行调试。

```
def gcd(x,y):
    min = y if x > y else x
    for i in range(1,min + 1):
        if x % i == 0 and y % i == 0:
            gcd1 = i
    return gcd1
a = 12
b = 8
print(gcd(a,b))
```

【实例 11-2】两个整数相除可能出现的异常

（1）程序代码

```
try:
   print("请输入两个整数")
   a=int(input())
   b=int(input())
   c=a/b;
   print(f"两个整数的商是：{c}")
except ZeroDivisionError:
   print("除数不能为 0")
except ValueError:
   print("输入的数据不能转化为整数")
```

输入 5 和 0，由于除数不能为 0，此时发生了 ZeroDivisionError 异常，运行结果如下。

```
请输入两个整数
5
0
除数不能为 0
```

如果输入“被除数是 5”，由于输入的内容不能转化为整数，此时会发生 ValueError 异常，运行结果如下。

```
请输入两个整数
被除数是 5
输入的数据不能转化为整数
```

【实例 11-3】文件读写异常处理

D 盘中存放着一个 test.txt 文件，里面是一些英文单词。编写程序，读取这些单词，并将所有首字母转换成大写字母，然后输出到屏幕上（要求用 try…except…finally 结构捕获异常）。

```
try:
      file=open("D:\\test.txt","r+")
except FileNotFoundError:
```

```
        print("未找到指定文件")
else:
    print("文件打开成功")
    try:
        strings=file.read()
        newstr=strings.title()
        print(newstr)
    except ValueError:
        print("程序出现了 ValueError")
finally:
    file.close()
```

如果 D 盘中不存在 test.txt 文件，以“r+”方式打开一个不存在的文件，则会出现“FileNotFoundError”异常，运行结果如下。

```
未找到指定文件
```

【实例 11-4】raise 语句抛出异常

输入一个百分制成绩，判断其是否通过。通过的依据是：如果成绩大于等于 60，则在屏幕上输出“恭喜你，考试通过”；如果成绩小于 60，则在屏幕上输出“本次考试未通过，要继续努力”；如果输入的成绩不在 0 到 100 的范围内，则提示“输入错误”。

```
def fun(n):
    if 100>=n>=60:
        print("恭喜你，考试通过")
    elif 60>n>=0:
        print("本次考试未通过，要继续努力")
    else:
        raise ValueError("输入错误")
try:
    n=int(input("请输入一个成绩:"))
    print(n)
    fun(n)
except ValueError as e:
    print("程序出错了",e)
```

四、实验内容

1. 阅读程序，写出 y=0 及 y≠0 的输出结果。

```
try:
    x=eval(input("请输入 x 的值："))
    y=eval(input("请输入 y 的值："))
    z=x/y
    print("计算结果为：",z)
except NameError as e:
    print("NameError:",e)
```

```
except ZeroDivisionError as e:
    print("ZeroDivisionError:",e)
    y=eval(input("请重新输入 y 的值："))
    z=x/y
    print("计算结果为：",z)
else:
    print("未出现异常！")
finally:
    print("测试完成。")
```

2. 阅读程序，将输入的字符串写入文件中，按下“Q”键结束。如果按下“Ctrl+C”键，终止运行，此时也能保证打开的文件正常关闭。

```
f=open('outfile.log','w')                              #打开文件
try:
    while True:
        str=(input("请输入一个字符串，以字母 Q 结束："))
        print(str)
        n=len(str)
        if str[n-1]=='Q':
            f.write(str);
            f.close()
            break
        else:
            f.write(str)
except ValueError:
    print("文件已关闭，不能写入。")
except KeyboardInterrupt:
    print("Ctrl+C 中断输入")
finally:
    f.close()
    print('done!')
```

3. 阅读程序，要求相加的数据不能是负数，修改程序，使之抛出数据异常信息。

```
a=[11,22,33,44,-55,66,77,88,99]
total=0
try:
    for i in a:
        if i<0:
            raise ValueError(str(i)+"为负数")
        total+=i
    print(total)
except ValueError:
    print("数值不能为负！")
except Exception:
    print("发生异常！")
```

4. 判断某个数是否为素数，要求用 try…finally 语句处理异常（异常情况有输入的值小

于等于 1、输入的内容不是数值等）。

5. 算术运算的异常处理。Python 中常见的算术运算有+、−、*、/、%、//、**等，请设计一个算术运算器，用异常处理机制处理可能出现的异常，如除数不能为 0、参与运算的必须是数值、只能输入 2 个数和 1 个运算符、不能输入非法运算符等。

拓展知识：程序除错的典故

二十世纪三十年代，美国哈佛大学的应用数学教授霍华德·海撒威·艾肯找到 IBM 公司，为其投资 200 万美元研制计算机，并把第一台成品取名为马克 1 号（Mark I），又叫“自动序列受控计算机”，从此 IBM 公司正式跨进计算机领域。

为马克 1 号编制程序的是一位计算机软件工程专家格蕾丝·赫柏（Grace Hopper）。有一天，她在调试程序时出现故障，拆开继电器后发现有只飞蛾被夹扁在触点中间，从而“卡”住了机器。于是，格蕾丝·赫柏诙谐地把程序故障统称为“臭虫（Bug）”，把排除程序故障叫作 Debug，而这奇怪的称呼后来成为计算机领域的行话。

只要程序是由人编写的，就永远无法完全避免意外，但有些问题是在编码时就可以预测的。防患于未然，提前写好处理代码，可以大大提高程序的健壮性。

实验 12　面向对象程序设计基础

一、实验目的

1. 理解面向对象的编程思想。
2. 掌握类与对象的定义、创建方法、使用方法。
3. 掌握类的继承和多态。

二、知识要点

1. 面向对象的概念

类（Class）是具有相同特征的一类事物（如动物类、文件类、操作类等）。

对象（Object）是某个具体的事物（如孙悟空、牛魔王等），对象是类的实例（Instance）。对象包括属性（对象内的变量）和方法（对象内的函数）。

属性是用来描述对象静态特征的一组数据，如学号、姓名、专业等。

方法是对象的动作与行为，也称为成员函数（Member Function）。

面向对象的三大特性是多态、封装、继承。

2. 类的定义

定义类需要用关键字 class 开头。

```
class 类名:
定义类的属性
定义类的方法
```

定义类的语法格式如下。

```
class 类名:
def __init__(self [,参数 1,参数 2,...,参数 n]):
    self.数据成员 1=参数 1 或初值 1
    self.数据成员 2=参数 2 或初值 2
...
    self.数据成员 n=参数 n 或初值 n
[其他成员函数定义]
```

3. 对象的创建

```
变量=类名()
```

4. 在类中定义方法

```
def 方法名(self,方法参数列表):
    方法体
```

5. 类的构造方法

```
def_init__(self):
    print("创建实体对象！")
```

6. 类的析构方法

```
def __del__(self):
    print("实体对象被销毁！")
```

7. 类的变量

（1）实例变量

```
self.变量名=值
```

（2）类变量

```
变量名=值
```

8. 类的继承

```
class 子类类名（父类类名）:
    定义子类的变量和方法
```

9. 类的多态

多态是指一个变量可以引用不同类型的对象，并且能够自动地调用被引用对象的方法，从而根据不同的对象类型响应不同的操作。

三、实例解析

【实例 12-1】输出学生信息

设计一个 Student 类，在类中定义多个方法，其中一个方法用于接收学生的学号、姓名、多门课的成绩；其他方法用于获取学生的学号、姓名，并求所有成绩的最高分。

（1）程序代码

```
#sl12-1.py
class   Student(object):
    def __init__(self,Sno,name,scores):          #构造方法
        self.__Sno=Sno                           #学号
```

```
        self.__name=name                    #姓名
        self.__scores=scores                #成绩
    def get_name(self):
        return self.__name
    def get_Sno(self):
        return self.__Sno
    def get_score(self):
        return max(self.__scores)
stu=Student(2022001,'张聪',[88,80,90,77,95])
print("学号：%s"%(stu.get_Sno()))
print("姓名：%s"%(stu.get_name()))
print("最高分：%s"%(stu.get_score()))
```

（2）运行结果

```
学号：2022001
姓名：张聪
最高分：95
```

【实例 12-2】水果管理程序

某水果店的主要水果有苹果（8 元/斤）、橙子（6 元/斤）、菠萝（3 元/斤）、香蕉（4 元/斤）。顾客（zhangsan、lisi）购买水果并进行结算（要求显示原有的金额、购买水果后剩余的金额）。

（1）问题分析

设计 Fruit 类和 Customer 类，其中 Fruit 类无方法，只有 fruitname（水果名）和 price（单价）两个属性；Customer 类有买水果的方法 buy( )，还有顾客的 name（名字）和 money（金额）属性。

（2）程序代码

```
#sl12-2.py
class Fruit:
    def __init__(self,fruitname,price):
        self.fruitname=fruitname                #水果名
        self.price=price                        #单价
    def __str__(self):
        return f'price {self.fruitname} is {self.price} yuan.'
class Customer:
    def __init__(self,name,money):
        self.name=name                          #名字
        self.money=money                        #金额
    def __str__(self):
        return f'{self.name} have {self.money} yuan.'
    def buy(self,fruit,quanlity):
        total_money_fruit=fruit.price*quanlity
        if self.money<total_money_fruit:
            print(f'{self.name} only have {self.money} yuan,can not buy fruit of {total_money_fruit} yuan.')
        else:
```

```
            self.money=self.money-total_money_fruit
            print(f'{self.name} buy {quanlity} jin {fruit.fruitname},left {self.money} yuan.')
apple=Fruit('apple',8)
orange=Fruit('orange',6)
pineapple=Fruit('pineapple',3)
banana=Fruit('banana',4)
print(apple)
print(orange)
print(pineapple)
print(banana)
print('----------------------')
zhangsan=Customer('zhangsan',50)
lisi=Customer('lisi',20)
print(zhangsan)
print(lisi)
print('----------------------')
zhangsan.buy(apple,4)
zhangsan.buy(orange,2)
lisi.buy(pineapple,3)
lisi.buy(banana,3)
```

（3）运行结果

```
price apple is 8 yuan.
price orange is 6 yuan.
price pineapple is 3 yuan.
price banana is 4 yuan.
----------------------
zhangsan have 50 yuan.
lisi have 20 yuan.
----------------------
zhangsan buy 4 jin apple,left 18 yuan.
zhangsan buy 2 jin orange,left 6 yuan.
lisi buy 3 jin pineapple,left 11 yuan.
lisi only have 11 yuan,can not buy fruit of 12 yuan.
```

四、实验内容

1. 输入长方形的长和宽，计算周长和面积。

创建长方形类 Rectangle，类中有长（length）和宽（width）属性，有构造函数__init__()，有计算周长的方法 perimeter( )和计算面积的方法 area( )。请编写程序，完成该类，并进行测试。

2. 计算正方形和长方形的周长和面积。

设计长方形类 Rect 和正方形类 Squa，每个类均包含计算周长和面积的方法，默认长方形的宽为 20，默认正方形的边长为 10，长方形类以正方形类为基类。

3. 计算长方形的面积，以及长方体的表面积和体积。

设计长方形类和长方体类，完成以下功能。

① 在第 1 题创建的长方形类 Rectangle 的基础上，为私有属性 length、width 分别增加 get( )和 set( )方法，增加一个内置的__str__( )方法，输出长方形的长和宽。

② 创建一个长方体类 Cuboid（由 Rectangle 类派生），增加一个表示长方体高的属性 height，构造函数__init__( )，增加计算长方体体积的方法 volume( )，重写内置的__str__( )方法，输出长方体的长、宽、高。

③ 编写适当的测试代码，对创建的类进行测试。

4. 输入 *n* 个学生的姓名及 3 门功课的成绩，要求逆序逐行输出每个学生的姓名、3 门功课的成绩、平均成绩。若学生的平均成绩低于 60 分，则不输出该学生的信息。

实验 13　tkinter 图形界面设计

一、实验目的

1. 了解 GUI 程序的设计流程。
2. 掌握 tkinter 库中常用组件的使用方法。
3. 掌握 Python 的事件处理方法。

二、知识要点

1. Python GUI 编程概述

图形用户界面（Graphical User Interface，GUI）采用图形化的方式显示操作界面。

GUI 设计一般分为以下两个步骤。

① 设计界面，创建主窗体对象，设置主窗口对象的属性，即大小和外观。在窗体中放置需要的控件，并设置其属性，完成静态界面的设计。

② 驱动界面，为需要执行命令的控件编写事件响应函数，建立人机交互机制。

tkinter 作为 Python 的标准 GUI 库，支持跨平台的 GUI 程序开发，包括 Windows、Linux、UNIX 等操作系统。

2. tkinter 概述

tkinter 是 Python 3.x 的内置库，只要安装了 Python 3.x 解释器就可以使用。使用 tkinter 模块创建 GUI 程序时通常需要执行以下几个步骤。

① 导入 tkinter 库。

```
import tkinter 或 from tkinter import *
```

② 创建主窗口对象。如果未创建主窗口对象，tkinter 会将默认的顶层窗口作为主窗口。

③ 添加组件，如标签、按钮、输入文本框等。

④ 调用控件的 pack( )、grid( )、place( )方法，调整并显示其位置和大小。

⑤ 绑定事件处理程序，响应用户操作（如单击按钮）引发的事件。

⑥ 启动事件循环，启动 GUI 窗口，等待用户触发事件响应。

3. tkinter 库中的常用组件

tkinter 库中的常用组件如表 13-1 所示。

表 13-1　tkinter 库中的常用组件

控件	名称	描述
Button	按钮	在程序中显示按钮，执行用户的单击操作
Canvas	画布	显示图形元素，如线条或文本
CheckButton	复选框	标识是否选定某个选项
Entry	输入框	显示和输入简单的单行文本
Frame	框架	在屏幕上显示一个矩形区域作为容器
Label	标签	在窗口中显示文本或位图
ListBox	列表框	列表框允许用户一次选择一个或多个列表项
MenuButton	菜单按钮	显示菜单项
Menu	菜单	显示菜单栏、下拉菜单和弹出菜单
Message	消息框	显示多行文本信息，与 Label 类似
RadioButton	单选按钮	选择同一组单选按钮中的一个
Scale	刻度控件	显示一个数值刻度，即输出限定范围的数字区间
ScrollBar	滚动条	当内容超过可视化区域时使用，如列表框
Text	文本框	可以显示单行或多行文本
TopLevel	容器	用来提供一个单独的对话框，和 Frame 类似
SpinBox	滑动杆	与 Entry 类似，但可以指定输入范围值
PanedWindow	面板窗口	用于窗口布局管理，可以包含一个或者多个子控件
LabelFrame	标签框架	一个简单的容器控件，常用于复杂的窗口布局
MessageBox	消息框	用于显示应用程序的提示信息

4. tkinter 库的绘图功能

tkinter 库可以制作动画，下面简单介绍其绘图功能。

（1）建立画布

使用 Canvas( )方法建立画布对象，代码如下。

```
win = Tk()
canvas = Canvas(win,width=xx,height=yy)                #xx、yy 是画布的宽和高
canvas.pack()                                          #将画布包装好
```

画布的左上角的坐标为(0,0)。

（2）绘制线条

```
create_line(x1,y1,x2,y2,...,xn,yn,option)
```

option 参数用于设置线条样式。

三、实例解析

【实例 13-1】闰年和平年的判断

输入一个年份，判断其是否是闰年。

（1）问题分析

Entry 组件用于显示和输入简单的单行文本。输入框的外观类似于普通文本框，但与一般文本框不同的是，它可以从程序变量中获取用户输入的值。

（2）程序代码

```
#sl13-1.py
from tkinter import *
win=Tk()
win.title("Entry Test")
win.geometry("400x200")

def judge():
    year= int(entry1.get())
    if(year % 4 == 0 and year % 100 != 0)or year % 400 == 0:
        label2.config(text="闰年")
    else:
        label2.config(text="平年")

label1=Label(win,text='请输入年份：',width=10)
label1.pack()
year = StringVar()
entry1 = Entry(win,width=16,textvariable = year)
entry1.pack()
year.set("年份")
button1=Button(win,text="判断",command=judge)
button1.pack()
label2=Label(win,text=" ")
label2.config(width=14,height=3)
label2.pack()
win.mainloop()
```

运行结果如图 13-1 所示。

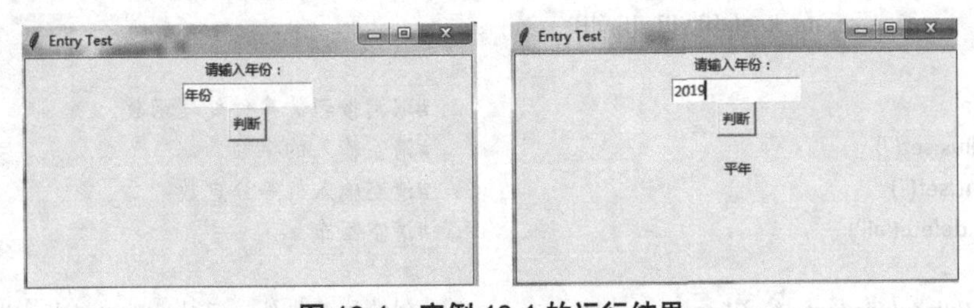

图 13-1　实例 13-1 的运行结果

【实例 13-2】绘制金刚石图案

（1）问题分析

① 先确定画布。在图形界面中输入圆的半径和等分点数。

② 用数学函数 sin( )、cos( )计算圆周上等分点的坐标。

③ 用函数 create_line( )绘制线条，连接各等分点，得到金刚石图案。

（2）程序代码

```
#sl13-2.py
from tkinter import *
import math
import tkinter.messagebox
win = Tk()                                          #创建应用程序窗口
win.title("金刚石图案")
win.geometry("1280x1024")
canvas = Canvas(win,width=1280,height=1024)
canvas.pack()

varRadius = StringVar(value=' ')
varPoint = StringVar(value=' ')
labelRadius = Label(win,text='请输入半径：',justify=RIGHT,width=80)          #创建标签
labelRadius.place(x=10,y=5,width=80,height=20)               #将标签放到窗口上，绝对坐标为(10,5)
entryRadius = Entry(win,width=80,textvariable=varRadius)     #创建输入半径的文本框，同时设置关联的变量
entryRadius.place(x=100,y=5,width=80,height=20)              #绝对坐标为(100,5)
labelPoint = Label(win,text='请输入等分点数：',justify=RIGHT,width=80)
labelPoint.place(x=10,y=30,width=80,height=20)               #绝对坐标为(10,30)
entryPoint = Entry(win,width=80,textvariable=varPoint)       #创建等分点数文本框
entryPoint.place(x=100,y=30,width=80,height=20)              #绝对坐标为(100,30)

def drawing():                                               #绘图事件的处理函数
    r=int(entryRadius.get())
    n=int(entryPoint.get())
    print(r,n)
    x,y = [],[]
    x_center,y_center = 640,512
    for i in range(n):                                       #建立圆周上的 n 个点
        x.append(x_center + r * math.cos(360/n*i*math.pi/180))
        y.append(y_center + r * math.sin(360/n*i*math.pi/180))
    for i in range(n):                                       #连接各等分点
        for j in range(n):
            canvas.create_line(x[i],y[i],x[j],y[j])

def cancel():                                                #取消按钮的事件处理函数
    varRadius.set('')                                        #清空输入的半径
    varPoint.set('')                                         #清空输入的等分点数
    canvas.delete('all')                                     #清空画布

buttonOk = Button(win,text='绘图',command=drawing)           #创建按钮组件，同时设置按钮事件处理函数
buttonOk.place(x=30,y=70,width=50,height=20)                 #绝对坐标为(30,70)
buttonCancel = Button(win,text='清屏',command=cancel)
buttonCancel.place(x=90,y=70,width=50,height=20)             #绝对坐标为(90,70)
win.mainloop()                                               #启动消息循环
```

输入圆的半径为 400，等分点数为 12，运行的结果如图 13-2 所示。

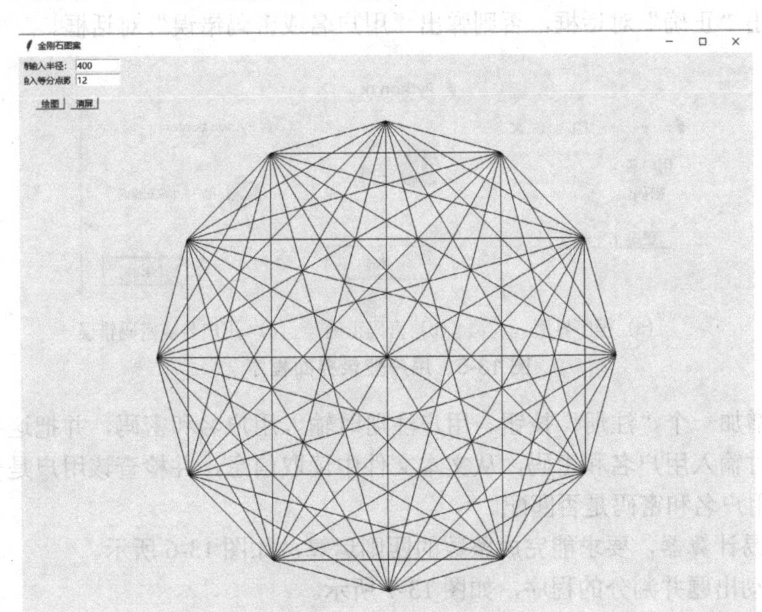

图 13-2 金刚石图案

四、实验内容

1. 创建一个简单窗体，内含一个按钮组件，运行后单击按钮，窗体标题变为“你点击了按钮”，并弹出对话框，效果如图 13-3 所示。

图 13-3 实验的运行效果

2. 请设计如图 13-4 所示的窗体，在文本框输入文字，单击“添加列表”按钮后，所输入的内容将添加到下方列表中。

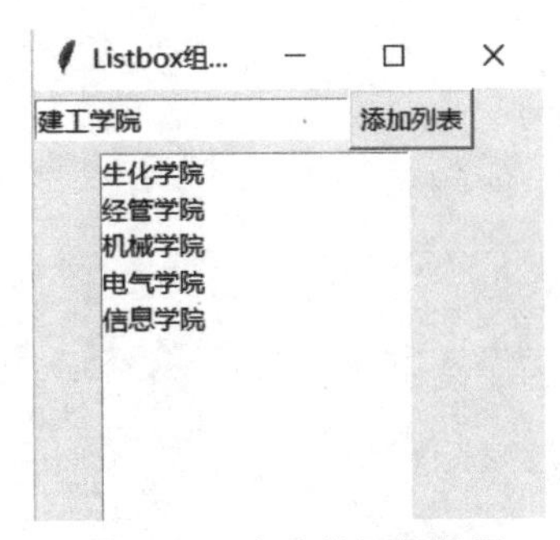

图 13-4 实验的运行效果

3. 请设计用户登录界面程序，如图 13-5 所示。如果输入用户名“admin”和密码“123456”，弹出“正确”对话框，否则弹出“用户名或密码错误”对话框。

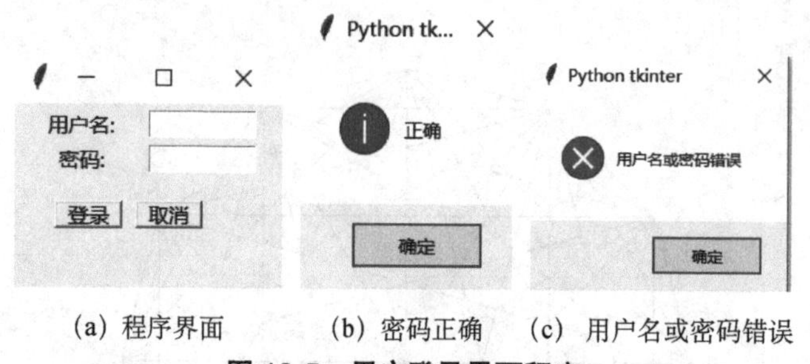

(a) 程序界面　(b) 密码正确　(c) 用户名或密码错误

图 13-5　用户登录界面程序

在界面中增加一个“注册”按钮。用户注册时输入用户名和密码，并把这些信息写入文本文件。登录时输入用户名和密码，从文本文件中读取信息，并检查该用户是否已注册。若已注册，检查用户名和密码是否匹配。

4. 设计简易计算器，要求能完成整数的四则运算，如图 13-6 所示。

5. 设计自动出题并判分的程序，如图 13-7 所示。

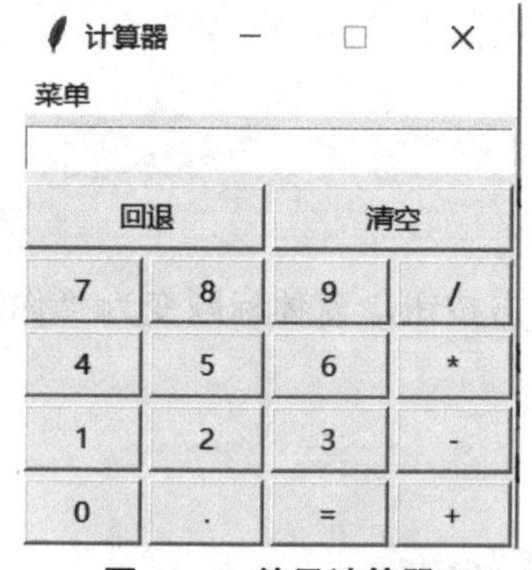

图 13-6　简易计算器

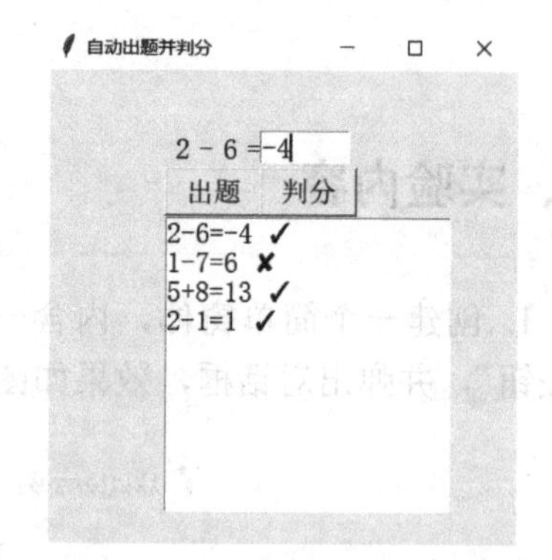

图 13-7　自动出题并判分的程序

6. 设计一个电子字幕板，满足以下要求。

① 字幕从左向右滚动。

② 单击“开始”按钮，字幕开始滚动；单击“停止”按钮，字幕停止滚动。

实验 14 Python 科学计算与数据分析

一、实验目的

1. 了解数据分析。
2. 掌握 numpy 对应的数组对象 ndarray 的基本操作方法和简单的数据分析方法。
2. 掌握 pandas 库的基本使用方法。

二、知识要点

1. Python 科学计算与数据分析

数据分析是指使用适当的统计分析方法对收集的大量数据进行分析，从中提取有用信息形成结论，并加以详细研究和概括总结。

（1）数据分析流程

① 明确目标。在进行分析之前，明确分析的目的和思路。

② 收集数据。按照确定的框架，有目的地从多个渠道获得结构化或非结构化数据。

③ 处理数据。对收集到的数据进行清洗、整理和加工，以保证数据的质量。

④ 分析数据。通过分析手段、方法和技巧对准备好的数据进行探索、分析，从中发现因果关系、内部联系和业务规律，为目标提供决策参考。

⑤ 展现数据。借用图表等技术手段，直观地展示想呈现的信息。

⑥ 撰写报告。对数据分析过程进行总结，给出结论和建议。

（2）第三方库

① numpy 是 Python 中进行科学计算的库，主要用于处理多维数组、大型矩阵等。

② scipy library 是基于 numpy 构建的 Python 模块，该模块增加了操作数据和可视化数据的功能。

③ matplotlib 是 Python 的 2D 绘图库，可以生成曲线图、直方图、条形图、饼图、散点图等。

④ pandas 是基于 numpy 的工具，有很多标准的数据类型，提供了高效处理数据集的工具。

⑤ statistics 是 Python 的数据统计基本库，可以执行很多简单操作。

2. numpy 库

numpy 是一个开源的 Python 扩展库，可用来存储和处理大型矩阵，为科学计算提供了基础数据结构。它支持高维数组与矩阵运算，也可以针对数组运算提供大量的数学函数库。

（1）导入 numpy 库

```
import numpy as np
```

（2）数组

数组是 numpy 库可处理的最基本的数据对象，由相同类型的元素组成。可以使用 array( )函数创建数组，它可以将输入的数据（元组、列表、数组或其他序列）转换成多维数组。

（3）数组的属性

创建数组后，可以查看数组的属性。数组的基本属性如表 14-1 所示。

表 14-1 数组的基本属性

属性	描述
dtype	数组中元素的数据类型
ndim	数组的维数
shape	数组的尺寸，(n,m)表示 n 行、m 列的矩阵
size	数组中的元素个数

（4）内置操作函数

创建数组的内置操作函数如表 14-2 所示。

表 14-2 创建数组的内置操作函数

函数名称	功能	示例	说明
zeros()	创建一个所有元素都为 0 的数组	np.zeros(3,4)	都为 0 的 3×4 数组
ones()	创建一个所有元素都为 1 的数组	np.ones(3,4)	都为 1 的 3×4 数组
full()	创建一个所有元素都为某个数的数组	np.full((3,4),8)	都为 8 的 3×4 数组
eye()	创建一个单位数组	np.eye(4)	4×4 的单位数组
empty()	创建一个空数组	np.empty(3,4)	3×4 的空数组
random()	创建一个随机数数组	np.random.random(3,4)	3×4 的随机数数组
linspace()	创建一个一维数组	np.linspace(1,3,6)	元素从 1 到 3，共 6 个

3. pandas 库

pandas 库是基于 numpy 库的开源 Python 扩展库，为 Python 编程语言提供了高性能的、易于使用的数据结构和数据分析工具，包含类似于 Excel 表格的数据帧（DataFrame），带有快速处理数据的函数和方法。

pandas 库的数据结构类型包括系列（Series）、数据帧（DataFrame）、面板（Panel），如表 14-3 所示。

表 14-3 pandas 的数据结构类型

数据结构	维数	参数描述
系列	1	1D 标记，均为数组类型，大小不变
数据帧	2	一般为 2D 标记，表示大小可变的表结构与潜在的异质类型的列
面板	3	一般为 3D 标记，表示大小可变的数组

三、实例解析

【实例 14-1】一维数组的基本运算

（1）问题分析

numpy 作为 Python 的常用科学计算库，能实现很多通用计算。下面练习一维数组的运算，查看运行结果。

（2）程序代码

```
#sl14-1.py
import numpy as np                              #导入 numpy 库并命名为 np
a = np.array([10,20,30,40])
b = np.arange(4)
c = b**2
g = a / 2
d = np.sin(a)
e = np.cos(a)
f = np.tan(a)
print('加法 a+b:',a + b,'\n','减法 a-b:',a - b,'\n','乘 c:',c,'\n','除 g:',g)
print('正弦 d:',d,'\n','余弦 e:',e)
print('比较 b<3:',b < 3)
```

（3）运行结果

```
加法 a+b:[10 21 32 43]
减法 a-b:[10 19 28 37]
乘 c:[0 1 4 9]
除 g:[5.   10.   15.   20. ]
正弦 d:[-0.54402111 0.91294525 -0.98803162 0.74511316]
余弦 e:[-0.83907153 0.40808206 0.15425145 -0.66693806]
比较 b<3:[True True True False]
```

【实例 14-2】二维数组的基本运算

（1）程序代码

```
#sl14-2.py
import numpy as np                              #导入 numpy 库并命名为 np
a = np.array([[1,1,1,1],[2,2,2,2]])
b = np.arange(1,9).reshape((2,4))
s1 = a+b
s2 = a-b
```

```
s3 = a*b
s4 = b/a
s5 = b.dot(a.T)
s6 = a.dot(b.T)
print('加法 a+b:',s1,'\n','减法 a-b:',s2,'\n','乘法 a*b:',s3,'\n','除法 b/a:',s4)
print('矩阵转置 a.T:',a.T,'\n','矩阵转置 b.T:',b.T)
print('矩阵点乘 b.dot(a):',s5,'\n','矩阵点乘 a.dot(b):',s6)
```

（2）运行结果

```
加法 a+b:[[2 3 4 5][7 8 9 10]]
减法 a-b:[[0 -1 -2 -3][-3 -4 -5 -6]]
乘法 a*b:[[1 2 3 4][10 12 14 16]]
除法 b/a:[[1.   2.   3.   4. ][2.5 3.   3.5   4. ]]
矩阵转置 a.T:[[1 2][1 2][1 2][1 2]]
矩阵转置 b.T:[[1 5][2 6][3 7][4 8]]
矩阵点乘 b.dot(a):[[10 20][26 52]]
矩阵点乘 a.dot(b):[[10 26][20 52]]
```

【实例 14-3】pandas 数据处理

（1）问题分析

利用 pandas 进行数据分析时常见的操作有创建对象、查看对象、处理缺失值、查重、轴转换、数据透视表、统计方法、读取文件、合并操作等。

创建对象，以 DataFrame( )为例，使用查看对象的方法，查看结果。

（2）程序代码

```
#sl14-3.py
import numpy as np
import pandas as pd
from pandas import Series,DataFrame
d9 = DataFrame(
    data={
        'Python':[33,66,77,88,99],
        'En':[33,44,55,66,77],
        'Math':[56,99,66,68,88]
    }
)
```

（3）运行结果

```
   Python  En  Math
0  33      33  56
1  66      44  99
2  77      55  66
3  88      66  68
4  99      77  88
```

四、实验内容

1. 请输入以下代码并运行，查看结果。

```
#创建 ndarray
import numpy as np
print(np.zeros((2,3)))
print(np.empty((2,2)))
print(np.ones((3,2)))
print(np.arange(3))
print(np.random.random((2,2)))
print(np.arange([1,2,3,4,5]))
print(np.zeros_like(a))
```

2. 利用 random 库和 numpy 库生成一个 3 行、4 列的多维数组，数组中的元素是 1～100 的随机数，求所有元素的平均值。

3. 利用 numpy 库随机生成大小为 10 的数组，求该数组中元素的平均值、中位数、众数（出现次数最多的数值）、方差、标准差。

4. 请输入以下代码并运行，查看结果。

```
import pandas as pd
import numpy as np
s=pd.Series([1,2,nan,'a','b',3,4,5])
print(s)
```

5. 使用 pandas 库创建一个数据帧，然后输出某行、某列、某个单元格的数据。

实验 15　数据可视化

一、实验目的

1. 掌握 matplotlib 库的使用方法。
2. 学会调用 matplotlib 库的绘图函数进行绘图。
3. 掌握多子图的绘图方法。

二、知识要点

1. 数据可视化

数据可视化是指将测量或计算产生的数字信息以图形、图像的形式呈现给研究者，使他们能更直观地观察和提取信息。

数据可视化的基本思想是：将每个数据作为单个图元表示（如点、线段等），大量数据构成由多个图元组成的图形，数据的分类属性以多维的形式表示，使人们能从不同的维度观察数据，对数据进行更深入的分析。

2. matplotlib 库

matplotlib 库是一个 Python 的 2D 绘图库，可以方便地展示数据，完成科学计算中数据的可视化。matplotlib 库包括多个子模块，可以绘制线形图、柱形图、直方图、散点图、饼图等，一般使用 pyplot 子模块。导入方法如下。

```
import matplotlib.pyplot as plt
```

3. 基本绘图流程

（1）创建画布

使用 figure( )函数创建一个空白画布，可以指定画布大小。若绘图之前不调用 figure( )函数，pyplot 模块会自动创建一个默认的绘图区域。

（2）设置图形参数

添加标题，设置坐标轴属性，包括名称、刻度、范围等。pyplot 模块常用的方法如表 15-1 所示。

表 15-1 pyplot 模块常用的方法

方法	说明
title()	设置当前绘图区的标题
xlabel()、ylabel()	设置 x 轴、y 轴的标签
xlim(xmin,xmax)、ylim(ymin,ymax)	设置或返回 x 轴、y 轴的取值区间
xticks()、yticks()	设置或返回 x 轴、y 轴的刻度
legend(str)	设置绘图区的图例
axis()	获取或设置坐标轴属性
annotates(s,xy,xytext,xycoords,textcoords,arrowprops)	用箭头在指定数据点创建一个注释或一段文本
text(x,y,fontdic,withdash)	为图轴添加注释
grid(True/False)	打开或关闭坐标网格

（3）绘制图形

调用 pyplot 模块的绘图函数，基础绘图函数（只给出了主要参数）如表 15-2 所示。

表 15-2 基础绘图函数

函数	说明
plot(x,y,label,color,width)	绘制曲线
bar(x,y,width,bottom)	绘制柱形图
pie(data,explode,labels,colors)	绘制饼图
scatter(x,y,s,colors)	绘制散点图
hist(x,bins,normed)	绘制直方图
polar(theta,r,**kwargs)	绘制雷达图

（4）保存并显示图形

保存图形时可以指定图片的分辨率、边缘颜色等参数。plt.show( )的作用是把绘制结果在屏幕上显示出来。

三、实例解析

【实例 15-1】绘制 $y=x^2$ 曲线

（1）问题分析

先产生坐标，使用 plot( )函数绘图。

（2）程序代码

```
#sl15-1.py
import matplotlib.pyplot as plt
import numpy as np
x=np.linspace(0,10,num=20)              #创建等差数列
y=x**2
plt.plot(x,y)
plt.show()
```

（3）运行结果

运行结果如图 15-1 所示。

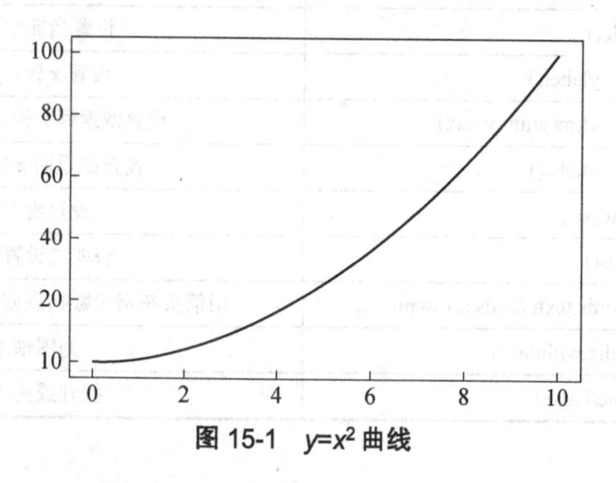

图 15-1　$y=x^2$ 曲线

（4）思考与讨论

上面的程序比较简单，图形不够完整，需要添加标签、图例、标题等。阅读下面的程序，进行分析。

```
import numpy as np
import matplotlib.pyplot as plt
plt.figure()
plt.rcParams['font.sans-serif']=['SimHei']
plt.rcParams['axes.unicode_minus']=False

x = np.arange(-10,11)
y = x**2
plt.plot(x,y,'ob--',label='平方')
plt.xlabel('x')
plt.ylabel(r'$y=x^2 $')
plt.title('平方曲线')
plt.legend(loc=9)
plt.show()
```

运行结果如图 15-2 所示。

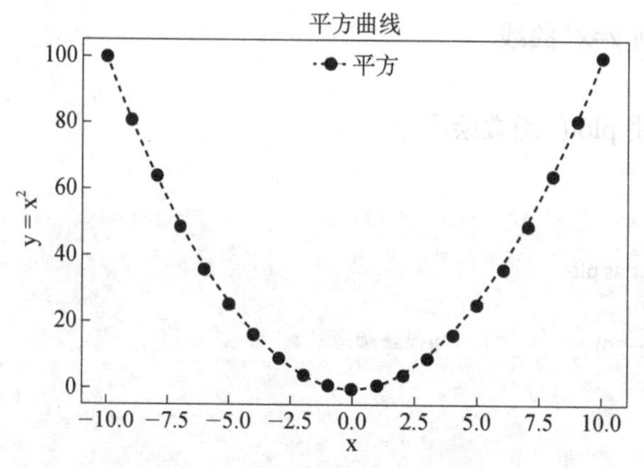

图 15-2　加图例后的 $y=x^2$ 曲线

【实例 15-2】绘制正弦、余弦曲线

（1）问题分析

使用正弦、余弦函数，绘制正弦、余弦曲线。

（2）程序代码

```
#sl15-2.py
import matplotlib.pyplot as plt
import numpy as np
x=np.linspace(-np.pi,np.pi,256,endpoint=True)
c,s=np.cos(x),np.sin(x)
plt.plot(x,c)
plt.plot(x,s)
plt.show()
```

（3）运行结果

运行结果如图 15-3 所示。

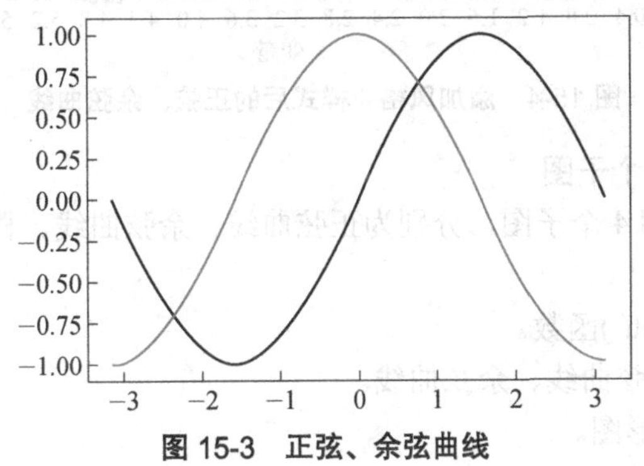

图 15-3　正弦、余弦曲线

（4）思考与讨论

以上图像的图例不够完整，下面设置曲线的风格和样式。

```
import matplotlib.pyplot as plt
import numpy as np
plt.rcParams['font.sans-serif'] = 'SimHei'
plt.rcParams['axes.unicode_minus'] = False
x = np.arange(0,2*np.pi,0.1)
y = np.sin(x)
f = plt.figure(figsize=(8,4),dpi=80)                        #画布大小：宽 8 英寸，高 4 英寸
f.set_facecolor((0.92,0.92,0.96))                           #设置坐标轴颜色
plt.title('正弦、余弦函数图形',fontsize=12)                   #标题字体大小：12
plt.xlabel('x 变量',fontsize=12)                             #x 轴标签
plt.ylabel('y 变量',fontsize=12)
plt.xlim((0,6.6))                                           #确定 x 轴范围
plt.ylim((-1,1))
plt.xticks(np.arange(0,6.6,0.4))                            #确定 x 轴刻度
plt.yticks(np.arange(-1,1,0.2))
plt.plot(x,y,marker='o',linestyle='-',linewidth=1.2)        #绘制正弦曲线：点型、线型、线宽
y = np.cos(x)
```

```
plt.plot(x,y,color='r',marker=',',linestyle='-',linewidth=1.2)        #绘制余弦曲线：颜色、点型、线型、线宽
plt.legend(['y=sin(x)','y=cos(x)'],fontsize=12)                       #设置图例
plt.text(3.2,np.sin(3.2)+0.08,'y = sin(3.2)',fontsize=12)             #在点(3.2,sin(3.2)+0.08)处添加文本
plt.show()
```

运行结果如图 15-4 所示。

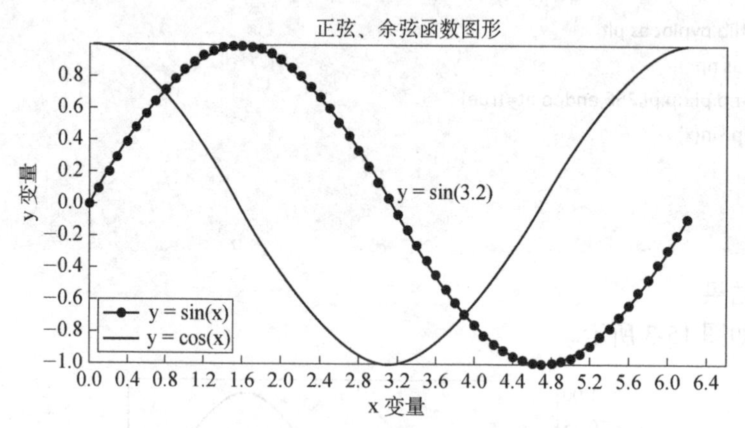

图 15-4 添加风格和样式后的正弦、余弦曲线

【实例 15-3】绘制 4 个子图

编写代码，同时绘制 4 个子图，分别为正弦曲线、余弦曲线、柱形图、散点图。

（1）问题分析

多窗体绘图用 subplot( )函数。

用 plot( )函数绘制正弦曲线、余弦曲线。

用 bar( )函数绘制柱形图。

用 scatter( )函数绘制散点图。

（2）程序代码

```
#sl15-3.py
import matplotlib.pyplot as plt
import numpy as np
plt.figure(figsize=(6,4))                    #创建绘图对象
x=np.arange(0,np.pi*4,0.01)
y_sin=np.sin(x)
y_cos=np.cos(x)

plt.subplot(2,2,1)                           #绘制第一个图形
plt.plot(x,y_sin,"r-",linewidth=2.0)
plt.xlabel=("x")
plt.ylabel=("six(x)")
plt.ylim(-1,1)
plt.title("y=six(x)")
plt.grid(True)
```

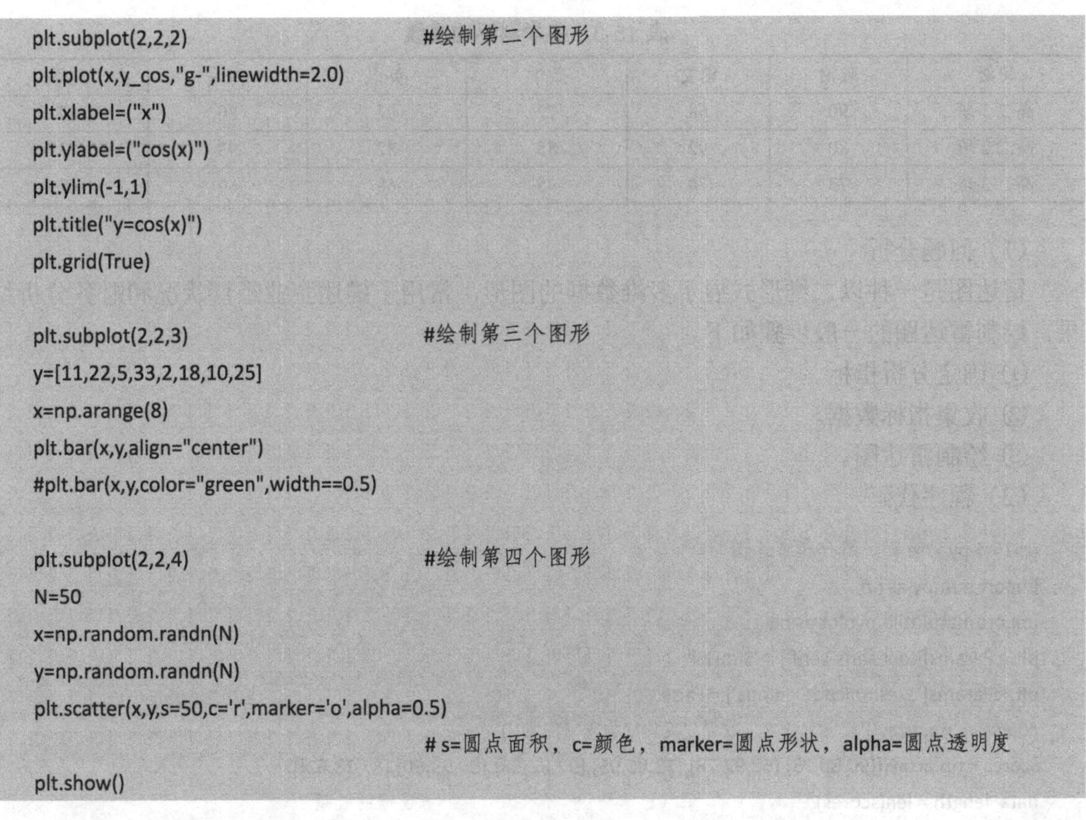

```
plt.subplot(2,2,2)                                  #绘制第二个图形
plt.plot(x,y_cos,"g-",linewidth=2.0)
plt.xlabel=("x")
plt.ylabel=("cos(x)")
plt.ylim(-1,1)
plt.title("y=cos(x)")
plt.grid(True)

plt.subplot(2,2,3)                                  #绘制第三个图形
y=[11,22,5,33,2,18,10,25]
x=np.arange(8)
plt.bar(x,y,align="center")
#plt.bar(x,y,color="green",width==0.5)

plt.subplot(2,2,4)                                  #绘制第四个图形
N=50
x=np.random.randn(N)
y=np.random.randn(N)
plt.scatter(x,y,s=50,c='r',marker='o',alpha=0.5)
                                                    # s=圆点面积，c=颜色，marker=圆点形状，alpha=圆点透明度
plt.show()
```

运行结果如图 15-5 所示。

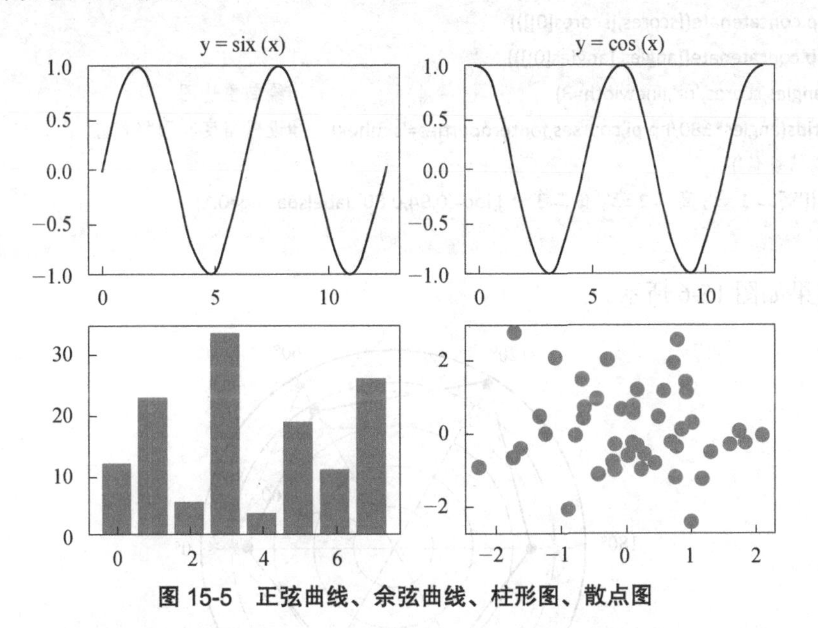

图 15-5　正弦曲线、余弦曲线、柱形图、散点图

【实例 15-4】绘制雷达图

2022 年，某学校高二 1 班、高二 2 班、高二 3 班某次模拟考试的各学科平均成绩如表 15-3 所示。为了对各班级的考试成绩进行评估，请绘制雷达图。

表 15-3　各学科平均成绩

班级	政治	语文	数学	英语	物理	化学
高二 1 班	90	68	72	92	80	87
高二 2 班	80	92	85	82	93	73
高二 3 班	73	78	95	68	60	62

（1）问题分析

雷达图是一种以二维形式展示多维数据的图形，常用于描述企业经营状况和财务分析结果。绘制雷达图的一般步骤如下。

① 确定分析指标。

② 收集指标数据。

③ 绘制雷达图。

（2）程序代码

```
#sl15-4.py   绘制成绩分析雷达图
import numpy as np
import matplotlib.pyplot as plt
plt.rcParams['font.sans-serif'] = 'SimHei'
plt.rcParams['axes.unicode_minus'] = False
courses = np.array(['政治','语文','数学','英语','物理','化学'])
scores = np.array([[90,80,73],[68,92,78],[72,85,95],[92,82,68],[80,93,60],[87,73,62]])
data_length = len(scores)                                                    #数据的长度
angles = np.linspace(0,2*np.pi,data_length,endpoint=False)                  #把圆周等分为 data_length 份
scores = np.concatenate((scores,[scores[0]]))
angles = np.concatenate((angles,[angles[0]]))
plt.polar(angles,scores,'o-',linewidth=3)                                   #绘制雷达图
plt.thetagrids(angles*180/np.pi,courses,fontproperties='simhei')           #设置角度和网格标签
plt.title('成绩评估')
plt.legend(['高二 1 班','高二 2 班','高二 3 班'],loc=(0.94,0.80),labelspacing=0.1)
plt.show()
```

运行结果如图 15-6 所示。

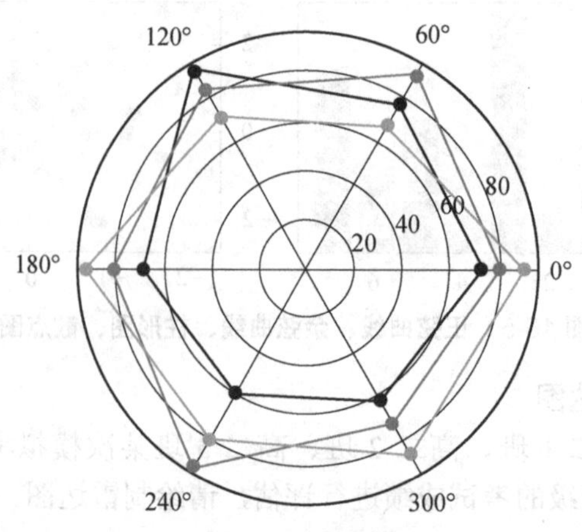

图 15-6　雷达图

（3）思考与讨论

① 通过本节知识的学习，希望读者可以掌握数据分析工具的使用方法，具备使用工具分析数据的能力。

② 根据表中的平均成绩绘制雷达图，对各班级的考试情况进行评估。

③ 针对自己班的成绩表，进行统计，用 matplotlib 库绘制柱状图、饼图或雷达图。

【实例 15-5】滚雪球的复利

假设某位学生向某贷款公司借款 10000 元，约定日利率为万分之五，按日计复利。如果这位同学一直没有还钱，那么 30 年后他将欠对方多少钱？

（1）问题分析

一年有 365 天，共计息 365×30 次，每次计息后都把贷款总额和利息之和作为下一次计息的贷款总额（贷款总额=本金+本金×利率）。

用 matplotlib 库绘制贷款总额随天数增长的曲线。

（2）程序代码

```
#sl15-5.py
fBalance = 10000                                    #初始贷款总额
fRate = 0.0005                                      #日利率为万分之五
balances = []                                       #贷款总额列表
for i in range(365*30):
    fBalance = fBalance + fBalance*fRate            #贷款总额=本金+本金×利率
    balances.append(fBalance)                       #把贷款总额存入列表中
print("30 年后连本带利的贷款总额：%.2f" % fBalance)

from matplotlib import pyplot as plt                #绘制贷款总额随天数增长的曲线
plt.plot(list(range(365*30)),balances)
plt.title("Loan balance grow by days")
plt.show()
```

（3）运行结果

```
30 年后连本带利的贷款总额：2383241.46
```

贷款总额随天数增长的曲线如图 15-7 所示。

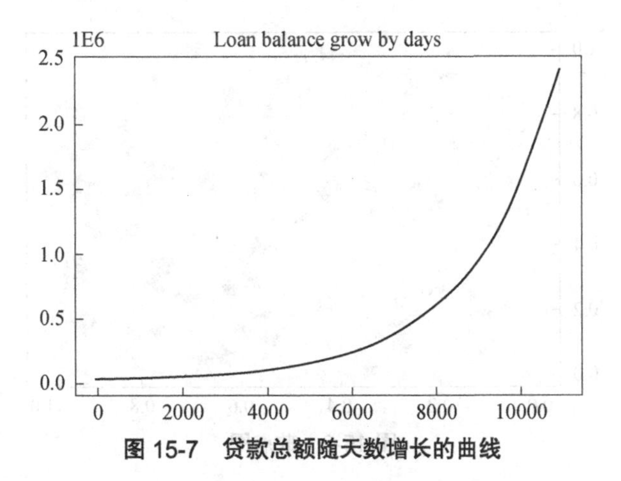

图 15-7　贷款总额随天数增长的曲线

（4）思考与讨论

人生就像滚雪球，最重要的是发现很湿的雪和很长的坡。——巴菲特

“股神”所说的“很湿的雪”是指投资的本金，而“很长的坡”则是指一个重要的财富秘诀——复利。

由图 15-7 可以看出，贷款总额（纵轴）随天数（横轴）的增长刚开始还比较缓慢，但随着时间的累积，增长速度越来越快。30 年后，贷款总额大约增长了 238 倍。

复利对投资者或放贷人而言非常有利，看似非常小的投资/放贷收益，经过时间的累积可以获得成倍的增长。

从反面来看，复利效应提醒我们要理性消费，贷款时务必要进行合理的还款规划；平时要注意防止非法集资、防诈防骗。

当前，新经济业态不断萌发，新型犯罪层出不穷，犯罪手法不断翻新，影响范围广、社会危害大。警方提示：天上不会掉馅饼，抱有趋利心理、从众心理、侥幸心理可能丧失正确的判断，容易被不法分子利用。只有脚踏实地、用心实干，才能收获成就与财富。

四、实验内容

1. 使用 plot( )函数绘制 $y=x^3$（$x\in[-5,5]$）曲线。
2. 某商品近几年的销售情况如表 15-4 所示，绘制柱形图。

表 15-4　某商品近几年的销售情况

年份	2018	2019	2020	2021	2022
销售额（万元）	800	850	920	1000	1100

3. 某家庭的消费支出情况如表 15-5 所示，绘制饼图、柱形图。

表 15-5　某家庭的消费支出情况

项目	餐饮美食	服饰美容	生活日用	充值缴费	交通出行	其他
支出金额（元）	3800	2300	1800	1200	1100	3200

4. 产生 100 个随机点，绘制散点图，如图 15-8 所示。

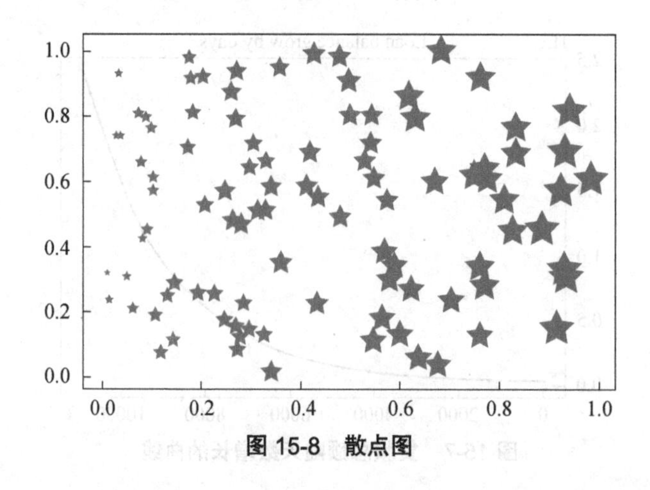

图 15-8　散点图

5. 根据文件“普通高校毕业生人数.xls”“硕士研究生报考人数.xls”“硕士研究生录取人数.xls”文件绘制毕业人数、报考人数、录取人数的并列条形图。

运行结果如图 15-9 所示。

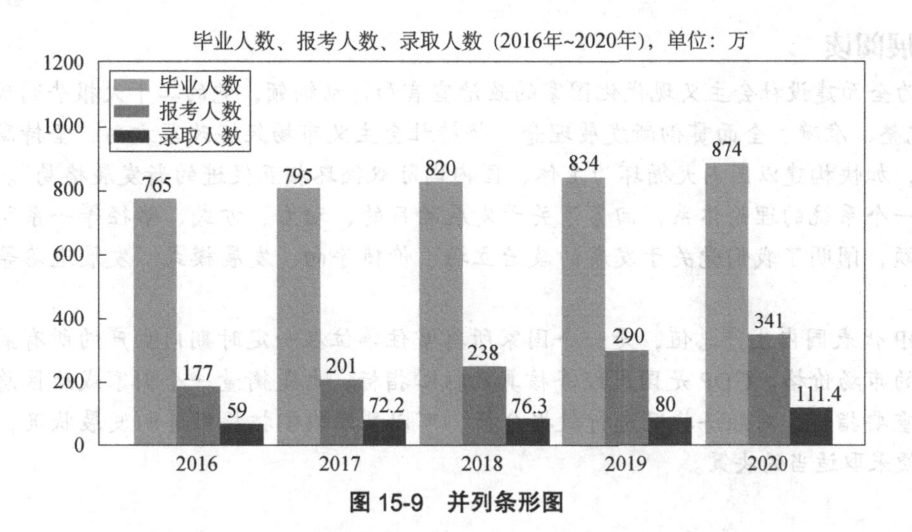

图 15-9　并列条形图

6. 根据实验 3 实验内容的第 12 题计算圆周率，并用图形表示。

运行结果如图 15-10 所示。

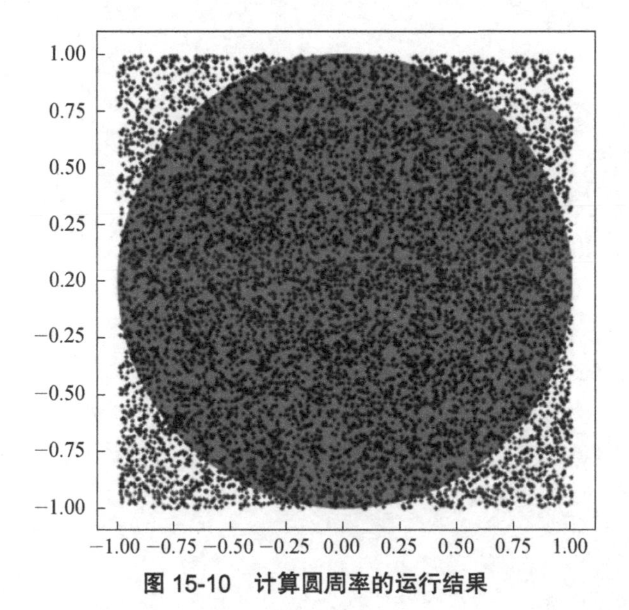

图 15-10　计算圆周率的运行结果

7. 国家统计局收录了国内、国外很多数据。访问国家统计局官网，搜索近几年我国及各省的 GDP 数据，下载数据，绘制图形，并进行图表分析。

8. 绘制各国的历年 GDP 趋势图。“美国、中国、日本历年 GDP.xls”文件收录了美国、中国、日本从 1980 年至 2020 年的 GDP 数据，请绘制这三个国家的历年 GDP 趋势图。

9. 分析鸢尾花数据集中的两个属性之间的关系。鸢尾花数据集是一个常用的分类实验数据集，数据保存在 iris.csv 文件中。这个数据集包括三类不同的鸢尾属植物，每类收集了 50 个样本，每个样本包含 4 个属性，分别是花萼长度（sepal_length）、花萼宽度（sepal_

width)、花瓣长度（petal_length）、花瓣宽度（petal_width）。

① 绘制散点图，分析花瓣长度与花瓣宽度的关系。

② 绘制散点图，分析不同种类的花的花瓣长度与花瓣宽度之间的关系。

拓展阅读

作为全面建设社会主义现代化国家的政治宣言和行动纲领，党的二十大报告明确指出，“必须完整、准确、全面贯彻新发展理念，坚持社会主义市场经济改革方向，坚持高水平对外开放，加快构建以国内大循环为主体、国内国际双循环相互促进的新发展格局”。新发展理念是一个系统的理论体系，回答了关于发展的目的、动力、方式、路径等一系列理论和实践问题，阐明了我们党关于发展的政治立场、价值导向、发展模式、发展道路等重大政治问题。

GDP 代表国内生产总值，是一个国家所有常住单位在一定时期内生产的所有最终产品和服务的市场价格。GDP 是国民经济核算的核心指标，也是衡量一个国家或地区总体经济状况的重要指标。对经济状况进行数据分析，可以帮助我们把握经济的发展状况，做出判断，以便采取适当的决策。

实验 16　网络爬虫入门

一、实验目的

1. 了解获取网络信息的基本方法。
2. 熟悉 requests 库的使用方法。
3. 了解 BeautifulSoup 库的基本操作。
4. 学会简单的爬虫及解析网页的方法。

二、知识要点

1. 获取网络信息

网络爬虫（Web Crawler）又称为网页蜘蛛、网络机器人，是一种按照一定规则自动爬取网络信息的程序或脚本。目前，网络爬虫抓取与解析的主要是特定网站中的数据。

爬取网页的流程如下。

① 选取一些网页，将这些网页的链接地址作为种子 URL。

② 将种子 URL 放入待抓取 URL 队列中。

③ 爬虫从待抓取 URL 队列（队列先进先出）中依次读取 URL，并通过 DNS 解析 URL，把链接地址转换为网站服务器对应的 IP 地址。

④ 将③中生成的 IP 地址和网页相对路径传输给网页下载器。

⑤ 网页下载器将相应网页的内容下载到本地。

⑥ 将⑤中下载的网页内容存储在页面模块中，等待建立索引以及进行后续处理。与此同时，将已下载的网页 URL 放入已抓取 URL 队列中，避免重复抓取网页。

⑦ 从已下载的网页内容中抽取出所有链接，检查其是否已被抓取，若未被抓取，则将这个 URL 放入待抓取 URL 队列中。

⑧ 重复②～⑦，直到待抓取 URL 队列为空。

爬虫是获得网页、解析网页的过程，下面介绍 requests 库和 BeautifulSoup 库的基本操作。

2. requests 库

requests 库提供了比标准库 urllib 更简洁的网页内容读取功能，是常见的网络爬虫工具之一。requests 库提供了 7 个主要方法。request( )方法是基础方法，get( )、head( )、post( )、 put( )、patch( )、delete( )等方法均由其构造而成，如表 16-1 所示。

表 16-1 requests 库的 7 个主要方法

方法	说明
requests. request()	构造一个请求，支撑其他方法
requests.get()	获取 HTML 网页
requests.head()	获取 HTML 头部信息
requests.post()	向 HTML 网页提交 post 请求
requests.put()	向 HTML 网页提交 put 请求
requests.patch()	向 HTML 网页提交局部修改请求
requests.delete()	向 HTML 网页提交删除请求

通过 requests 库请求指定服务器的 URL，请求成功后返回一个 Response 对象。Response 对象的属性如表 16-2 所示。

表 16-2 Response 对象的属性

属性	说明
status_code	HTTP 请求的返回状态，200 表示连接成功，404 表示失败
text	HTTP 响应内容的字符串形式，即 URL 对应的页面内容
encoding	从 HTTP 请求头中猜测的响应内容编码方式
apparent_encoding	从内容中分析出的响应编码方式（备选编码方式）
content	HTTP 响应内容的二进制数形式

使用 requests 库抓取目标网页的步骤如下。

（1）安装及导入 requests 库

在 Windows 操作系统中安装 requests 库的代码如下。

```
pip install requests
```

导入 requests 库的代码如下。

```
import requests
```

（2）使用 requests 库

网络爬虫主要使用 requests 库的 get( )方法，语法格式如下。

```
requests.get(url,params=None,**kwargs)
```

（3）Robots 协议

Robots 协议是网络爬虫协议，主要用于指导网络爬虫的爬取规则，即哪些页面可以爬取，哪些页面不能爬取。

3. BeautifulSoup 库

BeautifulSoup4（简称 bs4）是一个 HTML/XML 解析器，主要功能是解析和提取 HTML/XML 数据，它支持 CSS 选择器、Python 标准库中的 HTML 解析器、lxml 库中的 XML 解析器。

BeautifulSoup 库可以将复杂的 HTML 文档转换成树结构，树结构中的每个节点都是一个 Python 对象。

（1）安装及导入 BeautifulSoup 库

在 Windows 操作系统中安装 BeautifulSoup 库的代码如下。

```
pip install BeautifulSoup4
```

导入 BeautifulSoup 库的代码如下。

```
from bs4 import BeautifulSoup
```

（2）BeautifulSoup 库的使用

BeautifulSoup 库的对象如表 16-3 所示。

表 16-3　BeautifulSoup 库的对象

对象	说明
Tag	标签，最基本的信息组织单元； 有两个非常重要的属性，分别是表示标签名字的 name 属性和表示标签属性的 attrs 属性
NavigableString	表示 HTML 中标签的文本（非属性字符串）
BeautifulSoup	表示 HTML DOM 中的全部内容
Comment	表示标签内字符串的注释部分，是一种特殊的 NavigableString 对象

BeautifulSoup 库常用的属性和方法如表 16-4 所示（设对象名为“beautsoup”）。

表 16-4　BeautifulSoup 库常用的属性和方法

属性和方法	说明	范例
title	获取 HTML 的标签<title>	beautsoup.title
text	获取 HTML 标签所返回的网页内容	beautsoup.text
find()	返回第一个符合条件的 HTML 标签； 返回值是字符串，如果找不到则返回“None”	beautsoup.find（'head'）
find_all()	返回符合条件的 HTML 标签； 返回值是字符串	beautsoup.find_all（'a'）
select()	返回指定的 CSS 选择器的 id 名称、class 名称或标签名称； 返回值是一种列表数据类型； id 名称前要加上“#”，class 名称前要加上“.”	beautsoup.select（'#id 名称'） beautsoup.select（'.class 名称'） beautsoup.select（'标签名称'）

三、实例解析

【实例 16-1】获取百度首页的基本信息

（1）问题分析

网络爬虫和信息提取是 requests 库的基本功能，通过 url 参数将页面地址传递给 get( )方法，该方法返回的是一个 Response 对象。Response 对象包含一系列非常有用的属性，通过读取这些属性的值能够获得所需要的信息。

（2）程序代码

```
#sl16-1.py
```

```
import requests                                    #导入 requests 库
r=requests.get(url='http://www.baidu.com')         #用 get( )方法获取源码
print(r.status_code)                               #输出返回的状态代码
r.encoding='utf-8'                                 #设定编码格式为 UTF-8
print(r.text)                                      #输出网页内容
```

程序运行结果如下。

```
200
（信息文字省略）
```

（3）思考与讨论

与浏览器的交互过程一样，requests.get( )代表请求过程，它返回的 Response 对象代表响应。

【实例 16-2】下载《红楼梦》

获取《红楼梦》的回目名称并下载全文。

（1）问题分析

① 搜索页面。从网络上获取《红楼梦》的回目名称，假设要爬取的网址为 http://www.A.com/hlm/。

② 解析网页。用 BeautifulSoup 库（也可以用正则表达式）找到各回目的链接，取出每个链接页面的文本，将所有文本写入同一个文件中。

（2）程序代码

```
#sl16-2.py
#coding:utf-8
"""下载红楼梦全文"""
import requests
from bs4 import BeautifulSoup                                  #导入 BeautifulSoup 库
import re
import time

def get_html(url):
    '''得到网页内容，使用 requests'''
    r = requests.get(url)
    r.encoding = "gb18030"                                     #这个网站用的是 gb18030 编码
    return r.text

def get_links(html):
    soup = BeautifulSoup(html,'html.parser')
              #将 BeautifulSoup 库的 html.parser 作为源码的解析器，并将解析的对象设定给变量 soup
    table = soup.find('table',{'cellpadding':"3"})
    links = table.find_all('a',{'href':re.compile(r'\d{3}\.htm')})   #找到所有链接
    print(links)
    return links

def extract_text(html):
     '''得到子页面中的文本，使用 bs4'''
```

```
        soup = BeautifulSoup(html,'html.parser')                    #得到 soup 对象
        title = soup.title.text                                     #标题
        text = soup.table.font.text                                 #正文
        return "\n" + title + "\n" + text

url = http://www.A.com/hlm/                                         #将网址赋给变量 url，得到目录页
html = get_html(url)

links = get_links(html)                                             #从目录页中找到子页的链接并下载
file = open("dream.txt","w",encoding="utf-8")
for link in links:
    title = link.text.replace('\u3000',' ')                         #取得回目名称
    href = url + link['href']                                       #注意换成绝对网址
    print(href,title)
    sub_html = get_html(href)
    text = extract_text(sub_html)
    file.write(text)
    time.sleep(1)
file.close()
```

（3）运行结果

```
http://www.A.com/hlm/001.htm 甄士隐梦幻识通灵 贾雨村风尘怀闺秀
http://www.A.com/hlm/002.htm 贾夫人仙逝扬州城 冷子兴演说荣国府
http://www.A.com/hlm/003.htm 托内兄如海荐西宾 接外孙贾母惜孤女
http://www.A.com/hlm/004.htm 薄命女偏逢薄命郎 葫芦僧乱判葫芦案
http://www.A.com/hlm/005.htm 贾宝玉神游太虚境 警幻仙曲演红楼梦
http://www.A.com/hlm/006.htm 贾宝玉初试云雨情 刘姥姥一进荣国府
http://www.A.com/hlm/007.htm 送宫花贾琏戏熙凤 宴宁府宝玉会秦钟
...
```

【实例 16-3】获取中国大学排名

编写获取中国大学排名的爬虫实例，采用 requests 库和 BeautifulSoup 库。

（1）问题分析

使用 BeautifulSoup 库来解析网页表格中的内容，由于表格（table）中有多行（tr），而每行中有多个单元格（td），因此采用双重循环。all_univ 是学校信息的列表，假设要爬取的网址是 https://www.A.cn/rankings/bcur/2022。

（2）程序代码

```
#sl16-3.py
#coding:utf-8
"""爬取大学排名"""
import requests                                     #导入 requests 库
from bs4 import BeautifulSoup                       #导入 BeautifulSoup 库
all_univ = []                                       #学校信息的列表

def get_html(url):
    """得到网页内容"""
```

```
        try:
            r = requests.get(url,timeout=10)
            r.encoding = "utf-8"
            return r.text
        except:
            return " "

def get_universities(html):
    """找到数据"""
    soup = BeautifulSoup(html,"html.parser")            #用 html.parser 解析程序代码
    rows = soup.find_all('tr')                           #获取所有表格行
    for tr in rows:
        cells = tr.find_all('td')                        #获取所有单元格
        if len(cells)==0:                                #忽略一些行
            continue
        univ = []                                        #用来存放各项数据
        for td in cells:
            univ.append(td.text)
        all_univ.append(univ)                            #加入到总列表中

def print_universities_top(num):
    """显示数据"""
    print("排名","学校名称","类型","总分",sep="\t")
    for i in range(num):
        u = all_univ[i]
        print(u[0],u[1],u[3],u[4],sep=" ")

def main():
    url = 'https://www.A.cn/rankings/bcur/2022'          #将网址赋给变量 url
    html = get_html(url)                                 #获得网页内容
    get_universities(html)                               #解析得到数据
    print_universities_top(10)                           #显示前 10 所大学
main()
```

运行结果如下。

```
排名  学校名称  类型  总分
1  清华大学  Tsinghua University  双一流/985/211  综合  999.4
2  北京大学  Peking University  双一流/985/211  综合  912.5
3  浙江大学  Zhejiang University  双一流/985/211  综合  825.3
……
```

四、实验内容

1. 使用 requests 库编写爬虫程序，在当当网中用“机器学习”关键字搜索图书，并利用 BeautifulSoup 库解析搜索到的图书的书名、出版社、价格信息。

2. 利用网络爬虫技术抓取某房地产网站首页的信息，抓取页面中的部分数据，包括详细地址、详情链接、房型、户型、面积、出售价格、登记时间，并以表格的形式保存。

3. 编写一个程序，对某新闻网站的内容进行解析，找出该网站报道的当天热点事件。

4. 使用 requests 库和 BeautifulSoup 库爬取猫眼电影排行榜的电影名称和评分信息。

5. 爬取招聘网站上的招聘信息，获得招聘数据，分析不同城市的招聘岗位数量、平均工资水平、不同因素对平均薪资的影响程度，用以指导个人的求职决策。

6. 爬取某城市的旅游数据，分析热门旅游景点。

7. 使用 requests 库和 BeautifulSoup 库将“诗词名句网”中《三国演义》的内容爬取到本地磁盘进行存储。

拓展阅读

党的二十大报告明确指出，全面依法治国是国家治理的一场深刻革命，关系党执政兴国，关系人民幸福安康，关系党和国家长治久安。必须更好发挥法治固根本、稳预期、利长远的保障作用，在法治轨道上全面建设社会主义现代化国家。

《中华人民共和国网络安全法》在第四章中指出：网络运营者收集、使用个人信息，应当遵循合法、正当、必要的原则，公开收集、使用规则，明示收集、使用信息的目的、方式和范围，并经被收集者同意；任何个人和组织不得窃取或者以其他非法方式获取个人信息，不得非法出售或者非法向他人提供个人信息。

随着信息技术的发展和普及，信息化在个人生活、国家安全、网络生态等诸多方面产生了影响历史进程的改变。信息数据已成为国家发展的重要战略资源。近年来，在数据采集、传输、存储、应用程序以及基础环境等层面，信息系统饱受着非法访问、信息泄露、黑客攻击等一系列问题的侵蚀。

以网络爬虫为主要代表的自动化数据收集技术，在提升数据收集效率的同时，如果被不当使用，可能影响网络运营者正常开展业务。

实验 17　中文词云

一、实验目的

1. 熟悉 jieba 库的使用方法。
2. 熟悉 wordcloud 库的使用方法。
3. 掌握制作中文词云的基本方法。

二、知识要点

1. 创建词云

词云就是通过“关键词云层”或“关键词渲染”等效果，将文本中出现频率较高的关键词在视觉上进行突出显示。词云过滤掉了大量文本信息，使浏览者可以通过词云领略文本的主旨。

创建词云的主要步骤如下。

① 导入 jieba 库，读取文件内容，并进行分词。

② 导入 wordcloud 库，创建对象，将分词后的文本生成词云，存入词云文件。

③ 读取并查看生成的词云文件

2. jieba 库

jieba 库是 Python 中一个重要的第三方中文分词函数库，需要用户自行安装。

用 pip 安装 jieba 库的代码如下。

```
pip install jieba
```

jieba 库提供三种分词模式：精确模式、全模式、搜索引擎模式。

① 精确模式试图将句子最精确地切分，适合进行文本分析。

② 全模式把句子中所有可以成词的词语都扫描出来，速度非常快，但是不能解决歧义问题，有冗余。

③ 搜索引擎模式在精确模式的基础上，对长词再次切分，提高召回率，通常用于搜索引擎分词。

常用的 jieba 库函数如表 17-1 所示。

表 17-1　常用的 jieba 库函数

函数	功能描述
jieba.lcut(s)	精确模式，返回一个列表类型的分词结果
jieba.lcut(s,cut_all=True)	全模式，返回一个列表类型的分词结果，存在冗余
jieba.lcut_for_search(s)	搜索引擎模式，返回一个列表类型的分词结果，存在冗余
jieba.add_word(s)	添加新词

3. 文本清洗

分词之后，需要清洗“的”“得”“了”等对文本分析没有用处的词汇以及标点符号。

4. wordcloud 库

wordcloud 是一款优秀的词云制作第三方库，可根据文本或文本中的词频对文本内容进行可视化，设置词云的形状、尺寸和颜色。

用 pip 安装 wordcloud 库的代码如下。

```
pip install wordcloud
```

通过 conda 安装 wordcloud 库的代码如下。

```
conda install -c conda-forge wordcloud
```

生成词云的常规方法是：以 wordcloud 对象为基础，配置参数来调整词云的字体、布局、配色方案等；加载文本，使用 generate 方法将分词后文本生成词云；输出文件，使用 to_file( )方法生成词云文件，查看生成的词云文件。

配置参数的基本方法是 w=wordcloud.WordCloud( )，配置参数的说明如表 17-2 所示。

表 17-2　配置参数的说明

参数	描述
width	指定生成图片的宽度，默认为 400 像素
height	指定生成图片的高度，默认为 200 像素
min_font_size	指定词云中的最小字号，默认为 4 号
max_font_size	指定词云中的最大字号，根据高度自动调节
font_step	指定词云中字体的步进间隔，默认为 1
font_path	指定字体文件的路径，默认为 None
max_words	指定显示的最多单词数量，默认为 200
stop_words	指定词云的排除词列表，即不显示的单词列表
mask	指定词云形状，默认为长方形，需要引用 imread( )函数
back_ground_color	指定词云片的背景颜色，默认为黑色

加载文本和输出词云对象的方法如表 17-3 所示。

表 17-3 加载文本和输出词云对象的方法

方法	描述
w.generate()	加载文本
w. to_file（filename）	将词云输出为图像文件

如果要生成中文词云，还需要设置中文字体，代码为 font_path=r'c:\Windows\Fonts\simfang.ttf。

三、实例解析

【实例 17-1】对字符串进行分词

（1）问题分析

将中文文本拆分成一个个词语，jieba 库中的 jieba.cut( )函数可以实现字符串的分词功能。

（2）程序代码

```
#sl17-1.py
import jieba
text = '学习 Python 语言程序设计的一个重要环节就是要既动手又动脑地做实验。'
result1 = jieba.cut(text)                                #精确模式
result2 = jieba.cut(text,cut_all=True)                   #全模式
result3 = jieba.lcut_for_search(text)                    #搜索引擎模式
print('切分结果 1:'+'、'.join(result1))
print('切分结果 2:'+'、'.join(result2))
print('切分结果 3:'+'、'.join(result3))
```

（3）运行结果

```
切分结果 1：学习、Python、语言、程序设计、的、一个、重要环节、就是、要、既、动手、又、动脑、地、做、实验。
切分结果 2：学习、Python、语言、程序、程序设计、设计、的、一个、重要、重要环节、环节、就是、要、既、动手、又、动脑、地、做、实验。
切分结果 3：学习、Python、语言、程序、设计、程序设计、的、一个、重要、环节、重要环节、就是、要、既、动手、又、动脑、地、做、实验。
```

（4）思考与讨论

① 请对比三种分词模式的结果。

② 分词之后，需要清洗“的”“要”“既”“又”“地”“做”等对文本分析没有用处的词汇以及标点符号。文本清洗的代码如下。

```
import jieba
text = '学习 Python 语言程序设计的一个重要环节就是要既动手又动脑地做实验。'
result = jieba.cut(text)
mytext_list = []
for seg in result:
    if len(seg)!=1:
```

```
            mytext_list.append(seg)
    print('、'.join(mytext_list))
```

③ 文本清洗的结果如下。

```
学习、Python、语言、程序设计、一个、重要环节、就是、动手、动脑、实验
```

【实例 17-2】统计三国演义中各人物的出场次数

（1）问题分析

文件“三国演义.txt”包含 602502 个字符（含标点符号）。一次性读取文件内容后，利用 jieba 库的精确模式进行分词。先新建一个空字典，将每个中文分词作为字典的键，利用字典的 get( )函数迭代更新值。

一个人物可能会有多个名字，需要进行整理。同时，应剔除“却说”“二人”“不可”等不是人名的词语。

open( )函数默认的字符集为 UTF-8，该字符集在转换某些汉字时可能会遇到问题。汉字字符集有 3 个，它们收录的汉字范围大小为 GB2312<GBK<GB18030，GB2312 只收录了 6763 个汉字，而 GB18030 收录了 27484 个汉字。本例若使用 GB2312 字符集，会遇到未收录的汉字而报错，使用 GB18030 字符集则不会报错。

（2）程序代码

```
#sl17-2.py
import jieba
#变量 excludes 含排除的分词，根据输出，可以将不是人名的词语加进去
excludes={"将军","却说","荆州","二人","不可","不能","如此","商议"}
txt = open("d:\\三国演义.txt",mode='r',encoding='gb18030').read()
words = jieba.lcut(txt)                    #精确模式，返回的 words 是一个列表变量
counts = {}
for word in words:                         #通过迭代，处理同一个人物出现多个名字的情况
    if len(word)== 1:
        continue
    elif word == "诸葛亮" or word == "孔明曰":
        rword = "孔明"
    elif word == "关公" or word == "云长":
        rword = "关羽"
    elif word == "玄德" or word == "玄德曰":
        rword = "刘备"
    elif word == "孟德" or word == "丞相":
        rword = "曹操"
    else:
        rword = word
    counts[rword] = counts.get(rword,0)+ 1
for word in excludes:                      #从字典中删除不是人名的词
    del(counts[word])
```

```
items = list(counts.items())
items.sort(key=lambda x:x[1],reverse=True)          #按出现次数降序排列
for i in range(9):                                  #只显示前9个人物
    word,count = items[i]
    print("(",i+1,")",word,count)
```

（3）运行结果

```
（1）曹操 1429
（2）孔明 1373
（3）刘备 1224
（4）关羽 779
（5）张飞 348
（6）如何 336
（7）主公 327
（8）军士 309
（9）吕布 299
```

【实例 17-3】生成中文词云

通过 jieba 库和 wordcloud 库，对中文文本（txt 文件）进行分词，并生成词云。

（1）问题分析

① 提前安装好 jieba 库和 wordcloud 库（可使用 Anaconda 集成开发环境，其自带常用的第三方库）。

② 准备好需要分词的素材文本，将其和源程序放在同一个文件夹下，或在打开文件时写上文件路径。

③ 使用 jieba 库进行分词。

④ 使用 wordcloud 库生成词云。

（2）程序代码

```
#sl17-3.py
import jieba
import wordcloud
f=open('F:\\zyn23\\2019 中国互联网大会部分演讲人精彩观点.txt','r',encoding="utf-8")
text_c=f.read()
words=jieba.lcut(text_c)
text_c_new=' '.join(words)
from wordcloud import WordCloud
w = wordcloud.WordCloud(font_path="STHUPO.ttf",background_color="white")
w.generate(text_c_new)
w.to_file("text.png")
```

（3）运行结果

图 17-1　中文词云

（4）思考与讨论

① 更换素材文件，生成自己的词云。

② 词云的默认形状是矩形，可以生成自己设定的形状。

四、实验内容

1. 请读取“水浒传.txt”文件，统计《水浒传》中出场次数排名前十的人物。

2. 编写一个程序，对一篇中文文章进行分词和统计，用词云展示结果。

3. 请抓取某个新闻网站的一页或多页新闻标题，并基于这些标题中的热点词绘制词云。

4. 统计《唐诗三百首》中的词语出现次数。加入停用词表后再统计一次，并过滤长度为 1 字节的词语。

5. 编程生成《全唐诗》的词云。

6. 爬取某电影的评价，生成词云。

第三篇

Python 综合编程实例

实验 18　趣味数字

学习目标

现实生活中有许多有趣的数学问题。经常有意识地寻找并解决这些问题可以增强逻辑思维能力，进而开发大脑，提高智力水平，同时使生活变得丰富多彩。计算机就是帮助我们解决这些问题的强有力的工具。

通过编写程序解决数学难题，可以减少我们在解题时遇到的烦琐而复杂的计算，把精力集中在解决具体问题的方法上，锻炼思考能力和逻辑思维水平，同时提高自身的编程水平和应用计算机解决实际问题的能力。

本实验选取一些趣味数字编程实例，使读者了解数字的奇妙之处。

实例 18-1　水仙花数

1. 题目描述

水仙花数也称为超完全数字不变数、自恋数、自幂数、阿姆斯壮数、阿姆斯特朗数。如果一个 3 位数等于它的 3 个数字的立方和,那么该 3 位数就称为水仙花数。例如 $1^3+5^3+3^3=153$，因此 153 是一个水仙花数。

编写程序，计算 100～999 的所有水仙花数。

2. 题目分析

根据水仙花数的定义，判断一个数是否为水仙花数，最重要的是把给出的 3 位数的个位数、十位数、百位数拆分出来，并求其立方和（设为 s），若 s 与给出的 3 位数相等，则该 3 位数就是水仙花数，反之则不是。

3. 算法设计

在 for 循环中，对每个整数逐个分解出其个位数、十位数、百位数，判断其立方和是否等于这个数本身，若等于则该整数是水仙花数。

具体判断过程如下。

① 将 n 除以 100，得出百位数 i。

② 将 $n-100i$ 除以 10，得出十位数 j。

③ 将 n 对 10 取余，得出个位数 k。

④ 判断 i、j、k 的立方和是否等于 n。

在 Python 中，“//” 是一个算术运算符，表示整数除法，可以返回商的整数部分（向下取整）；“%” 可以用来计算求模，即两个数相除后的余数。

4. 程序代码

```
#sl18-1.py
for n in range(100,1000):
    i = n // 100
    j = n // 10 % 10
    k = n % 10
    if n == i ** 3 + j ** 3 + k ** 3:
        print(f'{n}')
```

5. 运行结果

```
153
370
371
407
```

6. 思考与讨论

对于某一个数，拆分每个位置的数字的算法有很多种，可以根据不同情况选择不同的算法（对于同一问题，不同算法的效率有时会相差很多）。

（1）方法一：枚举算法

```
for i in range(1,10):
    for j in range(0,10):
        for k in range(0,10):
            if i*100+j*10+k==i**3+j**3+k**3:
                print(i*100+j*10+k)
```

（2）方法二：用字符串索引

```
for n in range(100,1000):
    a = int(str(n)[0])
    b = int(str(n)[1])
    c = int(str(n)[2])
    if a**3+b**3+c**3 == n:
        print(n)
```

（3）方法三：用函数（输入 a=3）

```
def shui(n):
    for i in range(10**(n-1),10**n):
        m = n
        sum=0
        temp=i
        while m>0:
```

```
                sum+=(temp//(10**(m-1)))**n
                temp%=(10**(m-1))
                m-=1
            if sum==i:
                print(i)
a=int(input())
shui(a)
```

（4）方法四：用列表

```
lst=[]
for ABC in range(100,1000):
    A,B,C=map(int,str(ABC))
    if A*A*A+B*B*B+C*C*C == ABC:
        lst.append(str(ABC))
print(",".join(lst))
```

7. 问题拓展

一位数、两位数、四位数……是否有其相应的自幂数呢？

自幂数是指一个 *n* 位数，它的每位数字的 *n* 次方之和等于它本身。水仙花数只是自幂数的一种，其他位数的自幂数的名称如下。

一位自幂数：独身数。

四位自幂数：四叶玫瑰数。

五位自幂数：五角星数。

六位自幂数：六合数。

七位自幂数：北斗七星数。

八位自幂数：八仙数。

九位自幂数：九九重阳数。

十位自幂数：十全十美数。

（1）四叶玫瑰数

按照从小到大的顺序输出所有四叶玫瑰数（每个数字一行），代码如下。

```
for i in range(1000,10000):
    a=i//1000
    b=i//100%10
    c=i%100//10
    d=i%10
    if a**4+b**4+c**4+d**4==i:
        print(i)
```

由题意得知，循环范围是 1000～9999，用 if 语句进行判断，输出结果。

下面采用另一种判断方法。

```
for i in range(1000,9999):              #四叶玫瑰数是四位数，因此在[1000,9999]范围内循环
    a=i//1000                           #将千位数的值赋给变量 a
    b=(i%1000)//100                     #将百位数的值赋给变量 b
```

```
        c=(i%100)//10                             #将十位数的值赋给变量 c
        d=i%10                                    #将个位数的值赋给变量 d
        m=pow(a,4)+pow(b,4)+pow(c,4)+pow(d,4)     #将各位数的四次方累加
        if m==i:                                  #判断是否为四叶玫瑰数
            print(i)
```

（2）求所有自幂数

程序代码如下（部分省略）。

```
print("独身数:0 1 2 3 4 5 6 7 8 9")               #所有一位数都是独身数，直接输出
for i in range(100,9999999999):                  #从 100 到 9999999999 循环
    if i==100:
        print("水仙花数：",end="")
    if i==1000:
        print("",end="\n")
        print("四叶玫瑰数：",end="")
    ......
    if i==100000000:
        print("",end="\n")
        print("十全十美数：",end="")
    n=len(str(i))                                #与水仙花数同理
    s=0
    for j in str(i):
        s += int(j)**n
    if s== i:
        print(s,end=" ")
```

该程序的计算量太大。

（3）基于循环计算自幂数

下面的算法可以计算任意范围（只要不超过 Python 整数的取值范围）内的自幂数。

```
end = int(input('请输入最大范围：'))
for i in range(1,end + 1):
    length = len(str(i))                         # 计算数字 i 的长度
    sm = 0
    temp = i
    for j in range(length):
        sm +=(temp % 10)** length                #先求出个位，再进行累加
        temp //= 10                              #以此类推，下一次获取百位、千位上的数
    if sm == i:                                  #判断是否为自幂数
        print(i)
```

这个算法与前面的算法基本相似，只是这个算法需要通过循环依次求余来获取个位、十位、百位、千位……上的数。

（4）通过遍历字符串计算自幂数

下面的程序是对前一个程序修改后的结果，不再使用求余、整除算法来计算个位、十位、百位……上的数字，而是通过遍历字符串来获取个位、十位、百位……上的数字。

```
end = int(input('请输入最大范围：'))
```

```
for i in range(1,end + 1):
    length = len(str(i))                    #计算数字 i 的长度
    sm = 0                                  #将 i 转换成字符串，通过遍历字符串来获取每位数字
    for j in str(i):
        sm +=(ord(j)- ord('0'))*length
    if sm == i:                             #判断是否为自幂数
        print(i)
```

（5）利用列表推导式计算自幂数

采用一个嵌套的列表推导式来判断自幂数，代码如下。

```
end = int(input('请输入最大范围：'))
lt =[j for j in range(1,end + 1)if sum([(ord(i)- ord('0'))**len(str(j))for i in str(j)])== j]
print(lt)
```

（6）函数写法

下面的代码从 100 开始遍历循环。

```
def daffodil(num,i):
    """求正整数各个位置的数的 i 次方和(自幂数)
    param num：正整数
    param i：输入的数为几位数
    return：返回整数各个位置的数的 i 次方
    """
    total = 0
    while num > 0:
        total +=(num % 10)** i
        num //= 10
    return total

import time
if __name__ == '__main__':
    start_time = time .time()
    for i in range(100,10000000):
        if daffodil(i,len(str(i)))== i:
            print(i,end='    ')
    end_time = time.time()
    print()
    print(f'运行时间{end_time - start_time}s')
```

运行结果如下。

```
153   370   371   407   1634   8208   9474   54748   92727   93084   548834   1741725   4210818   9800817
9926315
运行时间 25.68394708633423s
```

这个程序只能计算 7 位数以内的整数，若计算 10 位自然数，运行时间会大大增加。

（7）提示

① 在编写程序的过程中，我们需要不断调试、不断优化。

② 由本例可知，一个问题可能有多种算法。在日常生活中，我们需要不断观察学习，

善于思考，不断学习新知识。

实例 18-2　完全数

1. 题目描述

完全数又称为完美数或完备数，是一种特殊的自然数。它的所有真因数（即除了自身的因数）的和恰好等于它本身。例如 6=1+2+3，其中 1、2、3 为 6 的因数。

本实例要求编写程序，找出任意两个正整数之间的所有完全数。

（1）输入格式

在一行中输入 2 个正整数 m 和 n（$1<m\leqslant n\leqslant 10000$），中间用空格分隔。

（2）输出格式

逐行输出给定范围内每个完全数的因数累加形式的分解式，每个完全数占一行，格式为“完全数=因数 1+因数 2+…”，其中完全数和因数均按递增顺序输出。若区间内没有完全数，则输出“None”。

2. 题目分析

根据完全数的定义，解决问题的关键是计算所选取的整数 i（i 的取值范围不固定）的因数，将各因数累加（变量 s），若 s 等于 i，则可确认 i 是完全数，反之则 i 不是完全数。

3. 算法设计

本题的关键是求出数值 i 的因数，即从 1 到 i−1 范围内能整除 i 的数。判断某个数 j 是不是 i 的因数，可利用语句 if(i%j==0)进行判断。求某个数的所有因数，需要在 1 到 i−1 范围内进行遍历，采用循环语句实现。因此，本题从整体上看可利用两层循环实现。

外层循环时 i 的范围为$[m,n]$；内层循环时 j 的范围为$[1,i-1]$，代码形式如下。

```
for i in range(m,n+1):
...
    for j in range(1,i):
...
if s==i:
输出当前 i 是完全数
```

对于某个选定的数，将求得的各因数累加（变量 s，初值为 0）之后，s 的值发生改变。若直接将下一个选定数的因数加到 s 上，得到的值并非所求（此时 s 的初值不是 0 而是上一个选定数的因数之和）。因此每次判断下一个选定数之前，必须将变量 s 的值重新置为 0。

4. 程序代码

```
#sl18-2.py
import math
m,n=map(int,input().split())                    #输入 m、n 的值
count=0                                         #i 控制选定数的范围，j 控制除数范围，s 记录累加因数之和
for i in range(m,n+1):
```

```
        s=0                                          #保证每次循环时 s 的初值为 0
        yinzi = []
        for j in range(1,i):
            if i%j==0:
                s=s+j
                yinzi.append(j)
        if i==s:                                     #判断因数和是否与原数相等
            count+=1
            print("%d = 1"%i,end ='')
            for k in yinzi[1:len(yinzi)]:
                print(' + %d'%k,end='')
            print()
if count==0:
    print("None")
```

程序流程图如图 18-1 所示。

5. 运行结果

（1）输入样例

```
2   30
```

（2）输出样例

```
6=1+2+3
28=1+2+4+7+14
```

6. 思考与讨论

（1）完全数的性质

① 它们都能写成连续自然数之和，例如

$$6=1+2+3$$
$$28=1+2+3+4+5+6+7$$
$$496=1+2+3+\cdots+30+31$$

② 它们的全部因数的倒数之和都是 2，例如

$$1/1+1/2+1/3=2$$
$$1/1+1/2+1/4+1/7+1/14+1/28=2$$

③ 除 6 以外的完全数可以表示成连续奇数的立方和，例如

$$28=1^3+3^3$$
$$496=1^3+3^3+5^3+7^3$$

④ 它们都可以表示为 2 的一些连续正整数次方之和，例如

$$6=2^1+2^2$$
$$28=2^2+2^3+2^4$$

（2）亲密数

亲密数又称为相亲数、友爱数、友好数，是指两个正整数彼此的全部因数之和（本身除外）与另一方相等。例如 220 和 284、1184 和 1210、2620 和 2924、5020 和 5564、6232 和 6368。

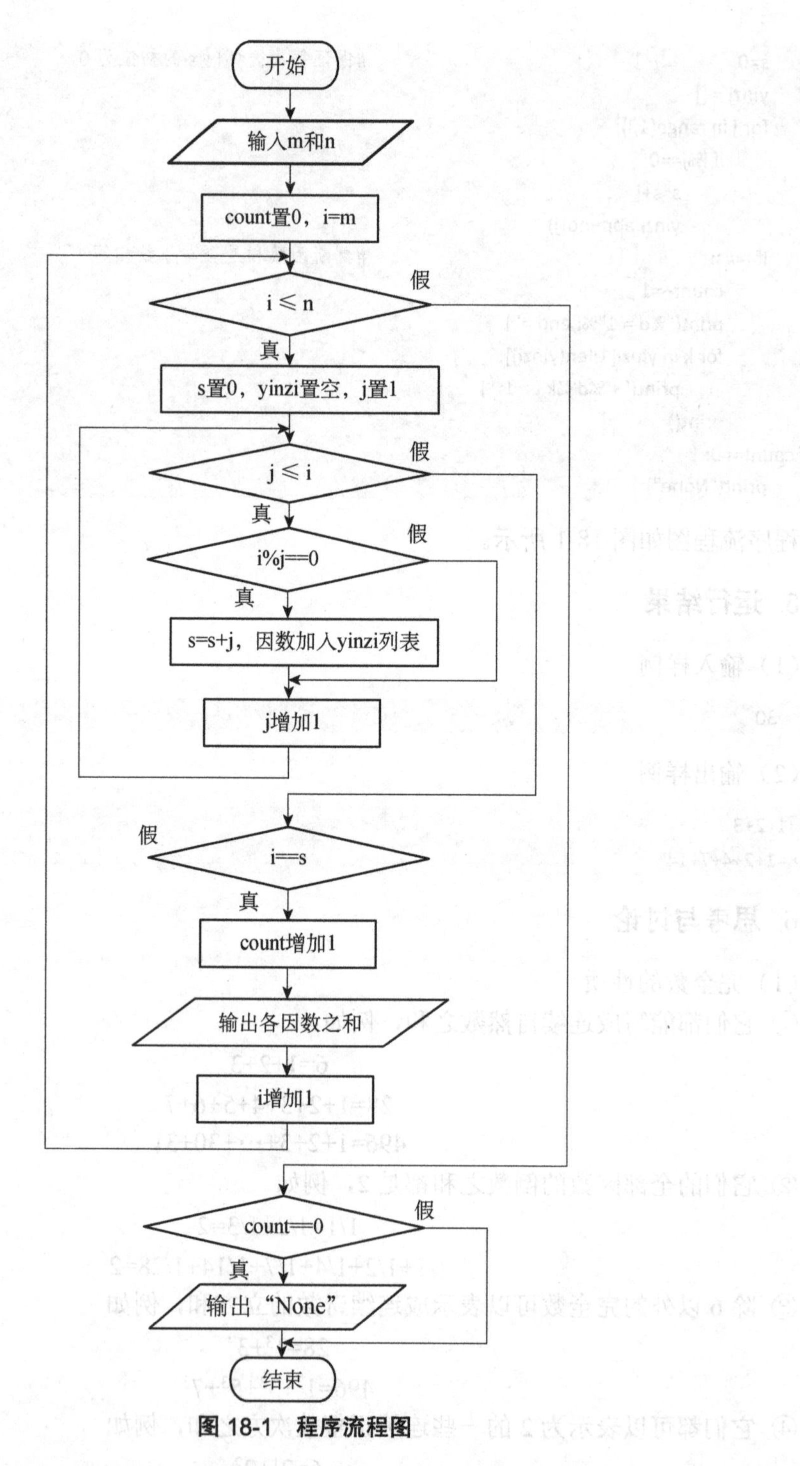

图 18-1 程序流程图

毕达哥拉斯曾说："朋友是你灵魂的倩影，要像 220 与 284 一样亲密。"人与人要讲友情，有趣的是，数与数也有类似的关系，数学家把一对存在特殊关系的数称为"亲密数"。亲密数是数论王国中的一朵小花，它有漫长的发现历史和动人的传说。

数学家在漫长的时间里，在前人的基础上不断更新方法，陆续找到了许多对亲密数。到了 1923 年，数学家麦达其和叶维勒汇总了前人的研究成果与自己的研究成果，发现了 1095

对亲密数，其中最大的数有 25 位数字。同年，另一位荷兰数学家里勒找到了一对有 152 位数字的亲密数。

人们发现，亲密数的个数越来越少，数位越来越大。同时，数学家还发现，若一对亲密数的数值越大，则这两个数之比越接近于 1。这是亲密数的规律吗？人们期盼着最终的结论。

计算机的诞生结束了笔算寻找亲密数的历史。有人利用计算机对所有 10^6 以下的数逐一进行了检验，共找到了 42 对亲密数，发现 10^5 以下的数中仅有 13 对亲密数。但因计算机功能与数学方法的局限，目前还没有重大突破。目前的研究主要有两方面：寻找新的亲密数、寻找亲密数的表达公式。

7. 问题拓展

上述程序在求某数的因数时，在[1,*i*−1]范围内进行遍历。这种方法可以做到没有遗漏，但效率不高。

对于某一整数 *i* 来说，其最大因数为 *i*/2（若 *i* 为奇数则最大因数小于 *i*/2），在[*i*/2,*i*−1]范围内没有数可以整除此数。据此，我们可以把遍历范围缩小为[1,*i*/2]，这样程序效率可以提高一倍。

```
import math
m,n=map(int,input().split())
count=0

for i in range(m,n+1):
    lst1=[1]
    for j in range(2,int(math.sqrt(i))+1):
        if i%j==0:
            lst1.append(j)
            if i//j not in lst1:
                lst1.append(i//j)
    lst1.sort()
    factorsum=sum(lst1)
    if i==factorsum:
        count+=1
        print(str(i)+" = "+" + ".join(map(str,lst1)))


if count==0:
    print("None")
```

找出 500 以内的全部亲密数。

```
def yz(n):                                    #定义函数，求 n 的因数和
    s=0
    for k in range(1,n):
        if n%k==0:
            s=s+k
    return s
```

```
def display(n):                                    #定义函数 display( )
    print(n,"的因数和：","1",end="")

for a in range(1,500):                             #查找 500 以内的亲密数
    for b in range(a+1,500):
        if yz(a)==b and yz(b)==a:
            display(a)
            print("=",b)
            display(b)
            print("=",a)
            print("亲密数：",a,b)
            break
```

实例 18-3 快乐数

1. 题目描述

快乐数（Happy Number）的特性是：在给定的进位制下，求该数的各位数字的平方和，对得到的新数再次求各位数字的平方和，如此重复进行，最终的结果必定为 1，例如

$$28 \to 2^2+8^2=68 \to 6^2+8^2=100 \to 1^2+0^2+0^2=1$$

$$32 \to 3^2+2^2=13 \to 1^2+3^2=10 \to 1^2+0^2=1$$

因此 28 和 32 是快乐数，不是快乐数的数称为不快乐数（Unhappy Number），所有不快乐数的各位数字的平方和计算最后都会进入 4→16→37→58→89→145→42→20→4…的循环中。

2. 题目分析

判断所给的数是否是快乐数，这与水仙花数和完全数类似，都是判断所给的数据是否符合某种定义。

当我们按照定义对快乐数进行判断时，只要出现 4→16→37→58→89→145→42→20→4…的循环，即可判断这个数不是快乐数。

3. 算法设计

我们采用除法和取模的方法来获得数字的每一位数字，再将各位数字进行平方和计算。

以 n=19 为例，将 n 除以 10 后求余，得到 9；接着用 10 整除 n，得到 1。接着进行平方和计算 $9^2+1^2=82$，结果不为 1，则继续对该数进行拆分计算，进行下一次循环；若平方和结果为 1，则该数是快乐数；若平方和为[4,16,37,58,89,145,42,20]中的某一个数，则认为该数不是快乐数，跳出循环，结束计算。

4. 程序代码

```
#sl18-3.py
```

```
def isHappy(n):
    while True:                                     #主循环，不用规定循环结束条件
        sqrsum = 0                                  #初始化变量，用于储存计算结果
        while n > 0:                                # n 的最小值为 0，n=0 时可省略
            sqrsum +=(n % 10)** 2
            n //= 10
        if sqrsum == 1:                             #如果符合快乐数的定义，返回 True
            return True
        elif sqrsum in [4,16,37,58,89,145,42,20]:
            return False
        else:
            n = sqrsum                              #将前一次判断的值赋给 n，进行下一次判断

i = int(input())
if(isHappy(i)):
    print('True')
else:
    print('False')
```

5. 运行结果

输入样例如下。

```
19
```

输出样例如下。

```
True
```

6. 思考与讨论

上面的程序所用的规律总结法过于抽象，要计算所有不快乐数的各位数字的平方和，最后进入 4→16→37→58→89→145→42→20→4…的循环中。只有遍历的数足够多才能得出这一规律。

下面介绍一种更加直观的解法。

我们直接按照定义遍历整数 *n*，将 *n* 的各位数字提取出来进行平方再相加。但是我们知道数值 *n* 是不具有“遍历”这一属性的，不能直接遍历 *n*。那要怎样才能遍历 *n*？

我们可以使用 str( )函数把 *n* 转化为字符串，字符串具有遍历的属性，因此转换成字符串后就可以直接遍历 *n* 了。但字符串不能进行平方操作，所以我们又需要使用 int( )函数将字符串转化成数值，这样就可以进行平方、求和等操作。

接着得到第一次判断的结果，我们只需要用递归算法再次调用用于判断的函数，再一次判断即可。那么我们如何判断该数是否循环而不构成快乐数？

如果构成循环，那么会在计算过程中出现重复的数字。我们可以创建一个列表，记录每次判断产生的数值，如果为 1 即为快乐数，不为 1 则将其加入列表。如果下一次判断得出的数值已在列表中出现，即为循环，不是快乐数。

```
def isHappy(n):
```

```
    def count(m):                         #m 为字符串
        global flag                       #定义全局变量，确保在函数 isHappy( )中能使用 flag 变量
        lst.append(int(m))                #将 m 转换为数值
        result = 0                        #初始化变量

        for i in range(len(m)):           #遍历 m
            result += int(m[i])** 2       #取出各位数字计算平方和

        if result == 1:                   #满足快乐数的定义
            flag = 1                      #将标记值设为 1
        elif result in lst:               #判断计算出的数是否在列表内，是则不满足快乐数的定义
            flag = 0                      #将标记值设为 0
        else:
            count(str(result))            #如果未能判断是否为快乐数，用递归算法再次判断

    lst = []
    m = str(n)                            #将 n 转换成字符串并赋给 m
    count(m)                              #调用函数 count( )
    print(lst)
    return flag == 1                      #如果 flag 的值为 1 则返回 True，否则返回 False

i = int(input())
if(isHappy(i)):
    print('True')
else:
    print('False')
```

7. 问题拓展

（1）1000 以内的所有快乐数

在下面的程序中，循环调用上面的 isHappy( )函数。

```
for i in range(1,101):
    if(isHappy(i)):
        print(i,end=" ")
```

输出结果如下。

```
1 7 10 13 19 23 28 31 32 44 49 68 70 79 82 86 91 94 97 100
```

（2）冰雹猜想

任意给定一个自然数，若它为偶数则除以 2，若它为奇数则乘 3 再加 1，得到一个新的自然数，按照这样的方法计算下去，若干次后得到的结果必为 1。

编写程序对冰雹猜想的正确性加以验证，代码如下。

```
a = int(input("请输入一个正整数"))
b=a
cnt = 0
print(a,end="\t")
```

```
while a != 1:
    if a % 2 == 1:
        a = a*3+1
    else:
        a = a//2
    print(a,end="\t")
    cnt += 1
print(f"正整数{b}算了{cnt}次")
```

实例 18-4　不变初心数

1. 题目描述

“不变初心数”是指这样一种特别的数：它分别乘 2、3、4、5、6、7、8、9 时，所得乘积的各位数字之和不变。例如 18×2=36，3+6=9；18×3=54，5+4=9；…；18×9=162，1+6+2=9。对于 18 而言，9 就是它的“初心”。本题要求判断任意一个给定的数是否有不变的“初心”。

在第一行中输入一个正整数 n（$n \leqslant 100$），在随后的 n 行中每行输入一个正整数。对于每个输入的数字，如果它有不变的“初心”，就输出它的“初心”，否则输出“NO”。

2. 题目分析

根据题目的要求，解决本题的关键是计算出整数 a 分别乘 2、3、4、5、6、7、8、9 的结果并判断每位数字之和是否相同，若不相同，则跳出循环，并输出“NO”，反之则输出其“初心”。

3. 算法设计

对于某个选定的数，先将其与 2 相乘，得到第一个初心数，并以此为基础，让其与其他初心数进行比较，同时将 key1 的值赋给 key2，防止在第一次判断后直接跳出循环。

4. 程序代码

```
#sl18-4.py
n=eval(input())
t=list()                                    #存储各个数是否为初心数
key1=0
key2=0
for i in range(0,n):
    a=eval(input())
    key1=0
    key2=0
    for j in range(2,10):
        b=a*j
        key2=0
        m=str(b)
        if j==2:
```

```
            for k in range(0,len(m)):
                key1=key1+b%10
                b=b//10
                key2=key1                       #防止在第一次判断后直接跳出循环
        else:
            for k in range(0,len(m)):
                key2=key2+b%10
                b=b//10
        if key1!=key2:
            t.append("NO")
            break
        elif key1==key2 and j==9:
            t.append(key1)
for i in t:
    print(i)                                    #输出结果
```

5. 运行结果

输入样例如下。

```
4
18
256
99792
88672
```

输出样例如下。

```
9
NO
36
NO
```

6. 思考与讨论

上述程序将结果以列表的形式存储，也可以在输入每个数后进行判断，然后输出结果，相应的程序如下。

```
n=eval(input())
key1=0
key2=0
for i in range(0,n):
    a=eval(input())
    key1=0
    key2=0
    for j in range(2,10):
        b=a*j
        key2=0
        m=str(b)
        if j==2:
```

```
            for k in range(0,len(m)):
                key1=key1+b%10
                b=b//10
                key2=key1
        else:
            for k in range(0,len(m)):
                key2=key2+b%10
                b=b//10
        if key1!=key2:
            print("NO")
            break
        elif key1==key2 and j==9:
            print(key1)
```

7. 问题拓展

若正整数 *n* 是它的平方数的尾部，则称 *n* 为同构数。例如，6 是其平方数 36 的尾部，76 是其平方数 5776 的尾部，因此 6 与 76 都是同构数。请编写一个程序，找出 1000 以内的同构数。

本题最直观的解法是使用枚举算法，在 1～1000 的正整数中进行搜索，判断每一个数是否是同构数，如果是则将其输出，如果不是则跳过此数，继续向下寻找，直到判断完这 1000 个数。

实验内容

1. 孪生素数

孪生素数是指相差 2 的素数对，例如 3 和 5、5 和 7、11 和 13。戴维·希尔伯特在 1900 年举行的第二届国际数学家大会上提出了这样的猜想：存在无穷多个素数 p，使得 $p+2$ 也是素数，素数对 $(p,p+2)$ 称为孪生素数。

请编写一个程序，找出 1000 以内的所有孪生素数。

2. 三重回文数

三重回文数是指一个整数它本身以及它的平方、它的立方都是回文数。请编写一个程序，找出 11～999 的所有三重回文数。

3. 歌德巴赫猜想的验证

歌德巴赫猜想是指任何一个大于 2 的偶数都能表示成两个素数之和。通过计算机可以很快地在一定范围内验证歌德巴赫猜想的正确性。

请编写一个程序，验证指定范围内歌德巴赫猜想的正确性，也就是近似证明歌德巴赫猜想（因为不可能用计算机穷举出所有正偶数）。

实验 19　趣味算法

学习目标

对于计算机科学而言，算法（Algorithm）是一个非常重要的概念。它是程序设计的灵魂，是将实际问题与解决该问题的计算机程序建立联系的桥梁。我们在编写任何一个计算机程序时（无论使用什么编程语言），都不可避免地要进行算法设计。

本实验选取几个典型的趣味算法编程实例，讲解如何通过程序设计解决一些有趣的数学问题，使读者提高通过编程解决实际问题的能力。

实例 19-1　鞍点

1. 题目描述

如果矩阵 A 中存在元素 $A_{[i][j]}$，$A_{[i][j]}$是第 i 行中最大的元素，又是第 j 列中最小的元素，则称元素 $A_{[i][j]}$为该矩阵的一个鞍点。

本题要求编写程序，求一个给定的 n 阶矩阵的鞍点。

2. 算法设计

先将矩阵转化为列表中嵌套列表的形式，代码形式如下。

```
for i in range(n):
    s = input()
    a.append([int(n)for n in s.split()])
```

求出列表中每一行的最大值，再将这个位置的数字与该列的其他数字进行比较，若其为最小值，则这个值就是鞍点。

3. 程序代码

```
#sl19-1.py
n = int(input())
a = []
count = 0
count1 = 0
for i in range(n):
    s = input()
```

```
        a.append([int(n)for n in s.split()])
for j in range(n):
        if count1 == n and count == n:
                break
        for k in range(n):
                for k1 in range(n):
                        if a[j][k] >= a[j][k1]:
                                count += 1
                if count == n:
                        for j1 in range(n):
                                if a[j][k] <= a[j1][k]:
                                        count1 += 1
                        if count1 == n:
                                print("{} {}".format(j,k))
                                break
                count1 = 0
                count = 0
if count1 != n and count != n:
        print("NONE")
```

4. 运行结果

输入样例如下。

```
4
1 7 4 1
4 8 3 6
1 6 1 2
0 7 8 9
```

输出样例如下。

```
2 1
```

5. 思考与讨论

设计算法时要考虑时间复杂度、空间复杂度，应尽量找到最好的算法。

下面的方法将行或列中的所有数进行比较，用 max( )函数和 min( )函数求最大值与最小值，请阅读下面的程序。

```
n = int(input());lis = [];lis_1 = [];s = 0
for i in range(n):
        lis.append(list(map(int,input().split()))[:n])
for y in range(n):
        x = lis[y].index(max(lis[y]))
        for j in range(n):
                lis_1.append(lis[j][x])
                if j == n -1:
                        if min(lis_1)== max(lis[y]):
                                print(y,x)
```

```
                    s+=1
                lis_1 =[]
if s <1:
    print("NONE")
```

实例 19-2　猴子选猴王

1. 题目描述

一群猴子要选新猴王。新猴王的选择方法是：*n* 只候选猴子围成一圈，从某位置起顺序编号为 1～*n*。从 1 号开始报数，每轮从 1 报到 3，报到 3 的猴子退出圈子，接着从紧邻的下一只猴子开始报数。如此循环，最后剩下的一只猴子就是新猴王。请问是原来的几号猴子当选新猴王？

要求在一行中输入一个正整数 *n*（*n*≤1000），在另一行中输出新猴王的编号。

2. 题目分析

该题是典型的约瑟夫问题，解决本题的关键是表示出每次淘汰的猴子的序号，并用循环语句淘汰至只有一只猴子。可以先借助特殊例子，即举出一个具体的 *n*，排成一圈，对每个淘汰的数进行分析。

中心思想：以列表为载体，通过队列模拟报数过程。

① 输入猴子的总数，并创建[1,2,3,…]的列表。

② 建立一个 while 循环结构，用列表长度模拟剩余的猴子数。

③ 模拟猴子选举的规则，通过队列实现这样的规则是简洁且有效的，用[1,2,3]的列表循环模拟一次报数过程。报到 1 或 2 时，将猴子放到队列的末尾，继续参与报数；报到 3 时，退出报数。

④ 最后剩下的猴子当选新猴王。

3. 算法设计

首先，创建一个列表储存 *n* 个数，并将这 *n* 个数编号，用指针标记每个元素，再用 while 循环依次将每个要淘汰的数的指针找出，删除这些数。当剩下最后一个数时，就可得出新猴王的指针。

编写程序时，先设置变量 index、n、list、i。index 是要找的数字的位置，n 是猴子的总数，list 是列表，i 是循环变量；再对变量赋值并设置循环结束条件，在循环中补充关键的控制语句，最后检验是否有误。

4. 程序代码

```
#sl19-2.py
n=int(input())
ls=[]
for i in range(n):
    ls.append(i+1)
```

```
index=0
while len(ls)>1:
    index=(index+2)%len(ls)
    ls.pop(index)
print(ls[0])
```

5. 运行结果

（1）输入样例 1

```
26
```

（2）输出样例 1

```
17
```

（3）输入样例 2

```
11
```

（4）输出样例 2

```
7
```

6. 思考与讨论

该问题还有以下解法。

① 方法一。

```
x=eval(input())
hou=[i for i in range(1,x+1)]
count=0
while len(hou)!=1:
    for i in hou[::]:
        count+=1
        if count==3:
            hou.remove(i)
            count=0
        if i==hou[-1]:
            break
for i in hou:
    print(i)
```

② 方法二。

```
n=int(input())
monkey=[]
timer=0
count=0
if(n>0 and n<=1000):
    for i in range(1,n+1):
        monkey.append(i)
```

```
    while(len(monkey)>1):
        timer+=1
        count+=1
        if(count>len(monkey)):
            count=1
        if(timer==3):
            timer=0
            monkey.pop(count-1)
            count-=1
    print(monkey[0])
```

③ 方法三。

```
n=int(input())
s1=list(range(1,n+1))
s2=list()
count=0
while len(s1)-len(s2)>=2:
    for i in s1:
        if i not in s2:
            count=count+1
            if count==3:
                s2.append(i)
                count=0
print(sum(s1)-sum(s2))
```

④ 方法四。

```
n=int(input())
s=[k for k in range(1,n+1)]
i=1
while len(s)>1:
    i+=2
    i=(i-1)%len(s)+1
    del s[i-1]
print(s[0])
```

7. 问题拓展

对题目进行修改，将报的数改为变量，输出出局的顺序，应如何修改程序？

n 个人围成一圈，从第一个开始报数，第 *m* 个出局，然后下一个人重新报数，如 *n*=6、*m*=5。

初始座位：1、2、3、4、5、6。

第一轮：从左往右数，5 出局，序列重置为 1、2、3、4、6。

第二轮：从 6 开始数，4 出局，序列重置为 1、2、3、6。

第三轮：从 6 开始数，6 出局，序列重置为 1、2、3。

如此循环直到剩下最后一个，则出局的顺序是 5、4、6、2、3、1。

可以用下面的方法编写程序。

方法一：在列表中删除每一轮的出局者，后面元素的索引值会向前缩减。

方法二：给初始列表中的每一个值添加标志位，出局时给其赋值 False，只有标志位为 True 时才进行报数。

下面是方法二的参考程序。

```
nums = int(input())
call = int(input())
peoples = [True for _ in range(nums)]
result = []
num =1
while(any(peoples)):
    for index,people in enumerate(peoples):
        if people:
            if num == call:
                peoples[index] = False
                result.append(index+1)
                num = 1
            else:
                num += 1
print(f'\n 总数为{nums}，报数为{call}')
print(f'约瑟夫序列为：\n{result}\n')
```

输入样例如下。

```
41
3
```

运行结果如下。

```
总数为 41，报数为 3
约瑟夫序列为：
[3,6,9,12,15,18,21,24,27,30,33,36,39,1,5,10,14,19,23,28,32,37,41,7,13,20,26,34,40,8,17,29,38,11,25,2,22,4,35,16,31]
```

实例 19-3　汉诺塔问题

1. 题目描述

汉诺塔问题是一个经典问题。汉诺塔（Tower of Hanoi）又称为河内塔，源于印度的一个古老传说。大梵天创造世界时做了三根金刚石柱子，一根柱子上按照大小顺序摞着 64 片黄金圆盘。大梵天命令婆罗门把圆盘按大小顺序重新摆放在另一根柱子上。并且规定任何时候小圆盘上都不能放大圆盘，且一次只能移动一个圆盘，应该如何操作？

题目可以描述为：有三个圆柱 A、B、C，初始时 A 上有 n 个圆盘（n 由用户输入），最终移动到圆柱 C 上。请编写代码，输出移动步骤。

2. 题目分析

假设第一个柱子上共有 n 个从小到大依次堆放的圆盘，可以把该问题分成以下三步。

第一步：先将第一个柱子上的 n-1 个圆盘借助第三个柱子转移到第二个柱子上，并从小到大堆放好。

第二步：将第一个柱子的最后一个圆盘直接移到第三个柱子上。

第三步：将第二个柱子上的 n-1 个圆盘借助第一个柱子逐次转移到第三个柱子上。

3. 算法分析

编写两个函数来求解，一个是递归函数 hanoi(n,a,b,c)，其功能是将 a 上的圆盘借助 b 移到 c 上；另一个是普通函数 move(n,x,y)，其功能是将第 n 个圆盘从 x 移到 y 上。

若将 n 个圆盘从 A 移至 C，算法设计可分为以下三步。

① 把 A 上的 n-1 个圆盘借助 C 移至 B：hanio(n-1,a,c,b)。

② 把第 n 个圆盘从 A 移至 C：move(n,a,c)。

③ 把 B 上的 n-1 个圆盘借助 A 移至 C：hanio(n-1,b,a,c)。

如果 A 上只剩下第 n 个圆盘，则直接将这个圆盘从 A 移至 C 即可：move(n,a,c)，从而结束递归过程。

先定义计数器 count，用于记录运行到了第几步。

假设第一个柱子上有 3 个圆盘，递归过程如图 19-1 所示。

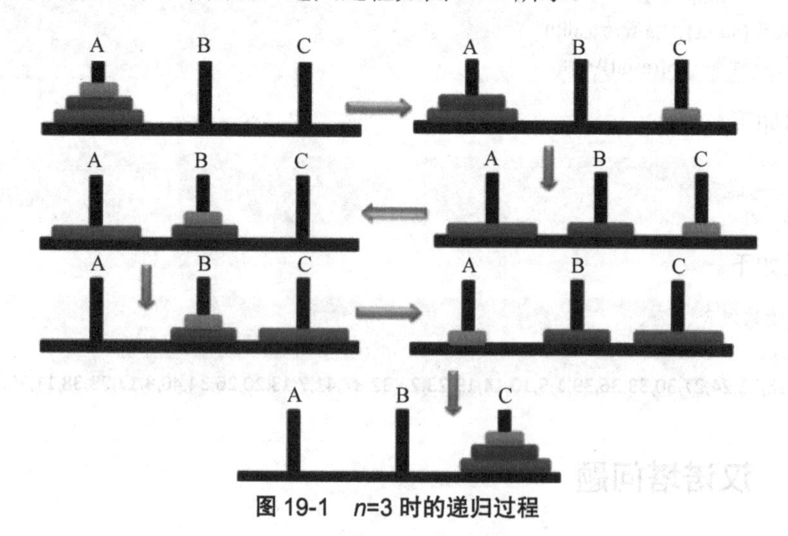

图 19-1　n=3 时的递归过程

4. 程序代码

```
#sl19-3.py
count = 0
def move(n,x,y):
    print(f'第{count}步：{n}号盘{x}->{y}')

def hanio(n,a,b,c):
    global count
    if n > 1:
        hanio(n-1,a,c,b)
        count += 1
        move(n,a,c)
```

```
            hanio(n-1,b,a,c)
        elif n == 1:
            count += 1
            move(n,a,c)

if __name__ == '__main__':
    print('***求解汉诺塔问题***')
    n = int(input('请输入圆盘数目：'))
    print(f'将{n}只圆盘从 A 移到 C 的步骤如下：')
    hanio(n,'A','B','C')
```

5.运行结果

```
***求解汉诺塔问题***
请输入圆盘数目：3
将 3 只圆盘从 A 移到 C 的步骤如下：
第 1 步：1 号盘 A->C
第 2 步：2 号盘 A->B
第 3 步：1 号盘 C->B
第 4 步：3 号盘 A->C
第 5 步：1 号盘 B->A
第 6 步：2 号盘 B->C
第 7 步：1 号盘 A->C
```

6. 问题拓展

运用递归算法求解汉诺塔问题是非常典型的方法，但在运行时会存储运算结果的全部变量，运行结束后才会完全释放，这就表明运用递归算法会占用大量储存空间，对计算机的运行效率有所影响。

在 A、B、C、D 四座塔中，求出将所有圆盘从 A 移动到 D 所需的最小移动次数（$1 \leqslant n \leqslant 12$），参考程序如下。

```
d = [1] *13
for i in range(2,13):
    d[i] = 1 + 2 *d[i-1]
d[0] = 0
f = [float('inf')] * 13
f[0] = 0
f[1] = 1
for i in range(1,13):
    for j in range(1,i+1):
        f[i] = min(f[i],f[j]*2 + d[i-j])
for i in range(1,13):
    print(f'{i}个盘，移动次数为{f[i]}')
```

运行结果如下。

```
1 个盘，移动次数为 1
2 个盘，移动次数为 3
```

```
3个盘，移动次数为 5
4个盘，移动次数为 9
5个盘，移动次数为 13
6个盘，移动次数为 17
7个盘，移动次数为 25
8个盘，移动次数为 33
9个盘，移动次数为 41
10个盘，移动次数为 49
11个盘，移动次数为 65
12个盘，移动次数为 81
```

实验内容

1. 验证四方定理。四方定理是数论中的重要定理，它可以叙述为：任意一个正整数都可以分解为不超过四个整数的平方和。请编写一个程序验证四方定理。

2. 验证尼科梅彻斯定理。尼科梅彻斯定理可以叙述为：任意一个整数的立方都可以表示成一串连续奇数的和。这里要注意，这些奇数一定是连续的，例如 1、3、5、7、…。

3. 数字游戏求解。有这样一个算式：

$$\begin{array}{r} ABCD \\ \times \quad\quad E \\ \hline DCBA \end{array}$$

A、B、C、D、E 代表的数字各不相同。请编写一个程序，计算出 A、B、C、D、E 各代表什么数字。

4. 爱因斯坦曾出过这样一道有趣的数学题（爱因斯坦的阶梯问题）：有一个长阶梯，若每步上 2 阶，最后剩 1 阶；若每步上 3 阶，最后剩 2 阶；若每步上 5 阶，最后剩 4 阶；若每步上 6 阶，最后剩 5 阶；只有每步上 7 阶，才一阶也不剩。请问该阶梯至少有多少阶？请编写一个程序解决该问题。

5. 国王要赏赐一个大臣 30 枚金币，但其中有一枚是假币。国王提出要求：只能用一个天平作为测量工具，并用尽量少的比较次数找出这枚假币，那么余下的 29 枚金币就赏赐给这个大臣；否则这个大臣将得不到赏赐（已知假币比真币略轻）。聪明的大臣思考片刻，很快用天平找出了这枚假币，于是得到了剩下的 29 枚金币。你知道这位大臣是如何找到假币的吗？请编写一个程序模拟找假币的过程，注意用尽量少的比较次数找出这枚假币。

6. 现有 21 根火柴，两人轮流取走，每人每次可以取走 1～4 根，不可多取，也不能不取，谁取最后一根火柴谁输。请编写一个程序进行人机对弈，要求人先取，计算机后取。

7. 17 世纪的法国数学家加斯帕在《数目的游戏问题》中讲了这样一个故事：15 个教徒和 15 个非教徒在深海上遇险，必须将一半的人投入海中，其余的人才能幸免于难。于是他们想了一个办法：将 30 个人围成一个圆圈，从第一个人开始依次报数，每数到第九个人就将他扔入大海，如此循环直到仅剩 15 个人。问怎样排列才能使每次投入大海的都是非教徒？

实验 20　趣味逻辑推理

学习目标

逻辑思维题是一种很好的训练逻辑思维的方式，会用到一些典型的算法。

本实验选取了几个趣味逻辑推理、统计的编程实例。

实例 20-1　猴子吃桃问题

1. 题目描述

有一只猴子第一天摘下若干个桃子，当即吃掉了一半，又多吃了一个；第二天将剩下的桃子吃掉一半，又多吃一个。按照这样的吃法，每天都吃前一天剩下的桃子的一半又一个。到了第十天，只剩下一个桃子。请问这只猴子第一天摘了多少个桃子？

2. 题目分析

本题是一个递推问题，计算时可以从最后一天回推到第一天。前一天的桃子是后一天的桃子的数量加 1 的 2 倍。

3. 程序代码

（1）用 while 语句

```
x0=1
day=10
while day>1:
    day-=1
    x1 = 2*(x0 + 1)
    x0 = x1
print(x0)
```

（2）用 for 循环

```
x2 = 1
for day in range(9,0,-1):
    x1 =(x2 + 1)* 2
    x2 = x1
print(x1)
```

4. 运行结果

```
1534
```

5. 思考与讨论

（1）天数未知的情况

猴子第一天摘下若干个桃子，当即吃掉一半，又多吃一个。第二天早上又将剩下的桃子吃了一半，又多吃一个。每天都吃前一天剩下的桃子的一半又一个。到了第 *n* 天早上，猴子发现只剩下一个桃子了。问第一天猴子共摘了多少个桃子？

要求在第一行中输入天数（整数），在下一行中输出总共的桃子数。

用递归算法编写的程序如下。

```
def peach(day):
    if day == 1:
        return 1
    return(peach(day - 1)+ 1)* 2
n = int(input("请输入天数："))
print("总共有%d 只桃子"%peach(n))
```

输入样例如下。

```
请输入天数：3
```

输出样例如下。

```
总共有 10 只桃子
```

（2）剩余桃子数未知的情况

猴子第一天摘下若干个桃子，当即吃了 2/3，还不过瘾，又多吃了一个；第二天早上将剩下的桃子吃掉 2/3，又多吃了一个。以后每天早上都吃前一天剩下的 2/3 再多一个。到了第 *n* 天早上，发现只剩下 *k* 个桃子。问第一天共摘了多少个桃子？

首先输入一个正整数 *t* 表示测试数据的组数，然后输入 *t* 组测试数据。每组数据输入 2 个正整数 *n*、*k*（$k \leqslant 15$）。

输入样例如下。

```
2
2 1
4 2
```

输出样例如下。

```
6
93
```

6. 问题拓展

五人分鱼问题

某天夜里，A、B、C、D、E 五个人一起去捕鱼，到了第二天凌晨都疲惫不堪，于是各自找地方睡觉。A 第一个醒来，他将鱼分为五份，把多余的一条鱼扔掉，拿走了自己的一份。B 第二个醒来，也将鱼分为五份，把多余的一条鱼扔掉，拿走了自己的一份。C、D、E 依次醒来，也按同样的方法拿鱼。问他们至少捕了多少条鱼？

根据题意可知，总计将所有鱼进行了 5 次平均分配，每次分配的策略是相同的，即扔掉一条鱼后剩下的鱼正好分为 5 份，然后拿走自己的一份，剩下其他 4 份。假定鱼的总数为 n，则 $n-1$ 可被 5 整除，余下的鱼为 $4(n-1)/5$。若 n 满足上述要求，则 n 就是题目的解。

请分析以下程序。

```
def yu(n):
    a=1
    b=a
    while 1:
        for i in range(n-1):
            a=(a-1)/n*(n-1)
        if(a-1)%n==0:
            return b
        b+=1
        a=b
print(yu(5))
```

输出结果如下。

```
3121
```

实例 20-2 鸡兔同笼

1. 题目描述

笼子里共有 a 个头、b 只脚，问有几只鸡、几只兔？

要求在第一行中输入鸡和兔的总数，在第二行中输入鸡和兔的脚数，输出鸡和兔的个数或无结果。

2. 题目分析

鸡兔同笼是中国古代的数学名题之一。大约在 1500 年前，《孙子算经》就记载了这个有趣的问题，书中是这样叙述的：“今有雉兔同笼，上有三十五头，下有九十四足，问雉兔各几何？”

这一问题的本质是二元方程。假设共有鸡、兔 30 只，脚 90 只。变量 x 表示鸡的只数，y 表示兔子的只数，x、y 都不能为小数，且 $x+y=30$、$2x+4y=90$，得到 x 的定义域为[0,30]，y 的定义域为[0,23)。

3. 算法设计

① 方法 1：利用双重循环实现。

```
for ji in range(0,31):
    for tu in range(0,23):
```

```
        if ji+tu==30 and 2*ji+4*tu==90:
            print('鸡：',ji,'兔：',tu)
```

注意：采用双重循环，循环体执行了 31×23=713 次。

② 方法 2：利用一重循环实现。

```
for ji in range(0,31):
    if 2*ji+(30-ji)*4==90:
        print('鸡：',ji,'兔：',30-ji)
```

注意：采用一重循环，循环体执行了 31 次。

③ 方法 3：解方程组。

根据题意，列出以下方程组。

$$x+y=a$$
$$2x+4y=b$$

解得

$$x=(4a-b)/2$$
$$y=(b-2a)/2$$

其中 a=30、b=90，代码如下。

```
a=30
b=90
x=(4*a-b)/2
y=(b-2*a)/2
print('鸡：',x,'兔：',y)
```

4. 程序代码

```
#sl20-2.py
a = int(input("请输入鸡和兔的总数：\n"))
b = int(input("请输入鸡和兔的脚数：\n"))
flag=True
for ji in range(0,a+1):
    for tu in range(0,b//4+1):
        if ji+tu==a and 2*ji+4*tu==b:
            print(f"鸡有{ji}只，兔有{tu}只")
            flag=False
if flag:
    print(f"{a}只动物{b}只脚的情况无解")
```

5. 运行结果

如果有解，则输入和输出样例如下。

```
请输入鸡和兔的总数：
24
请输入鸡和兔的脚数：
70
鸡有 13 只，兔有 11 只
```

如果无解，则输入和输出样例如下。

```
请输入鸡和兔的总数：
10
请输入鸡和兔的脚数：
27
10 只动物 27 只脚的情况无解
```

6. 问题拓展

一个笼子里面关了若干只鸭子和狗（鸭子有 2 只脚，狗有 4 只脚，没有例外），已知脚的总数为 feets，则笼子里至少有多少只动物，至多有多少只动物？

在第一行中输入一个正整数，表示测试数据的组数 *n*。在接下来的 *n* 行中，每行输入一个整数，代表脚的数量。

输出 *n* 行数据，每行包含两个正整数，第一个是最少的动物数，第二个是最多的动物数，两个正整数间用一个空格分隔。

输入样例如下。

```
2
3
20
```

输出样例如下。

```
0 0
5 10
```

实例 20-3　幼儿园分糖果

1. 题目描述

六一儿童节来临了，幼儿园准备给小朋友们分发糖果。现有几箱不同的糖果，每箱糖果都有自己的价值和重量。每箱糖果都可以拆分成任意散装组合带走。老师给各位小朋友准备了一个只能装下一定重量糖果的包包。请问小朋友最多能带走多少价值的糖果？

要求第一行的输入数据由两部分组成，分别为糖果箱数 *n*（正整数，$1 \leq n \leq 100$）以及小朋友的包包能装下的最大重量 *w*（正整数，$0<w<10000$）；其余 *n* 行每行对应一箱糖果，由正整数 *v* 和 *w* 组成，分别为一箱糖果的价值和重量。

要求输出小朋友能带走的糖果的最大总价值，保留一位小数。

2. 题目分析

采用贪心算法，在重量允许的范围内，尽可能多装价值大的糖果。

首先计算出每种糖果单位重量的价值。取糖果时，从单位价值较大的糖果开始，进行累加，直到达到最大重量。

3. 算法设计

设置两个列表，列表 1 存储所有糖果的单位价值，在列表 2 中添加一个新列表，该列表存放总重量、单位价值、该糖果是否已被取走。

首先对单位价值最大的糖果进行分配，所以要对存储单位价值的列表进行降序排列，然后遍历列表 2 中单位价值最大的糖果。先全部取出该糖果，判断此时取出的重量是否超过包包的重量，若超过，就通过循环依次减少一单位重量。当取走的重量等于最大承重量时，计算价值较大的一件物品应取走的数量，重复该过程直至等于最大承重量。

4. 程序代码

```
#sl20-3.py
input_a,input_b= input().split()
list_a = []
list_b = []
for i in range(1,int(input_a)+1):
    input_c,input_d = input().split()
    ave = round(int(input_c)/int(input_d),1)            #单位价值
    list_a.append(ave)
    list_b.append([int(input_d),ave,0])                 #在列表 2 中添加一个新列表，该列表存放总重量、单位
价值、是否该糖果已被取走
list_a.sort(reverse=True)                               #降序排列
sum =[0,0]                                              #用于存放取走的总重量
num =0
prime = 0                                               #判断
for i in range(len(list_a)):
    for k in range(len(list_b)):
        if prime == 0:                                  #做是否超出最大承重量的标记，未超出为 0
            if(list_a[i] == list_b[k][1])and(list_b[k][2]==0):
                sum[1] = sum[0]                         #备份
                sum[0] = sum[0] + list_b[k][0]          #取走的重量
                val = list_b[k][0]
                if sum[0] > int(input_b):               #如果所有取走的重量超出包包的最大承重量，就依次减
少一单位重量
                    prime=1
                    t= list_b[k][0]
                    while True:
                        z = sum[1] + t
                        if z <= int(input_b):
                            break
                        t = t-1
                    val=t                               #等于最大承重量时，价值较大的一件物品应取走的数量
                    sum[0]=sum[1]                       #重新赋原值
                    sum[0] = sum[0] + t                 #此时为真正的取走数量
                num = list_a[i]*val + num               #总价值
                list_b[k][2] = 1                        #取走的标记
print(num)
```

5. 运行结果

输入样例如下。

```
4  15
100  4
412  8
266  7
591  2
```

输出样例如下。

```
1193.0
```

6. 思考与讨论

① 请证明本题所使用的贪心算法的正确性。

② 假设规定只能拿整箱糖果，那么贪心算法还正确吗？还能获得最优解吗？

7. 问题拓展

假设有 n 种物品（每种仅有一个）和一个承重量为 w 的背包，假定第 i 种物品的重量为 w_i，价值为 v_i。要求选择物品装入背包，使装入背包中的物品的总价值最大。

分 3 行输入数据，第 1 行为整数 n（$1\leqslant n\leqslant 400$）和 w（$1\leqslant w\leqslant 1500$），分别表示物品数量与背包承重量；第二行为 n 个物品的重量 w_i（$1\leqslant i\leqslant n$）；第三行为 n 个物品的价值 v_i（$1\leqslant i\leqslant n$）。物品的重量、价值都为整数。

输出一个整数，表示装入背包的最大总价值。

输入样例如下。

```
4 9
2 3 4 5
3 4 5 7
25 100
42 6 48 13 38 124 8 17 41 25 41 26 47 41 171 25 7 30 35 7 17 32 45 27 38
49 19 53 40 22 4 36 20 49 25 61 48 67 34 57 52 46 45 33 41 20 38 34 58 63
```

输出样例如下。

```
12
292
```

实验内容

1. 新郎和新娘

三对新婚夫妇参加婚礼，新郎为 A、B、C，新娘为 X、Y、Z。有人不知道谁和谁结婚，于是询问了六位新人中的三位，听到的回答是这样的：A 说将和 X 结婚，X 说她的未婚夫是 C，C 说将和 Z 结婚。这人听后知道他们在开玩笑，全是假话。请编程找出谁将和谁结婚。

2. 谁在说谎

三个嫌疑犯在法官面前各执一词，甲说乙在说谎，乙说丙在说谎，丙说甲、乙两人都在说谎。甲、乙、丙三人到底谁在说谎，谁说的是真话？

3. 野人与传教士问题

河的左岸有 n 个传教士、m 个野人和一条船，传教士们想用这条船把所有人都运过河去，但有以下限制条件。

① 传教士和野人都会划船，但每次最多能运 k 个人。

② 岸边的野人数目不能超过传教士，否则传教士会被野人吃掉。

假定野人会服从任何一种过河安排，请规划出一个确保传教士安全过河的计划。

4. 人、狼、羊、菜过河问题

一个人要将一匹狼、一只羊、一筐菜运到河对岸，但是他的船太小了，一次只能带一样。当他不在时，狼要吃羊、羊要吃菜。怎样才能安全地把它们都运过河呢？

请编写程序，找出全部的过河方案。

实验 21　趣味应用实例

学习目标

学习编程的关键是建立用计算机解决问题的思维，用程序设计的思想解决实际生活中遇到的问题，在学习过程中逐步加深对常用算法的理解程度，提高用计算机解决和处理综合复杂问题的能力。

本章选取几个编程实例，希望读者能从中得到启发，启迪思维，提高自身的编程水平。

实例 21-1　简易计算器

1. 题目描述

电子计算器是一种常见的数据计算工具。请编程设计一个简易计算器，能够实现加、减、乘、除运算，并设计图形界面。

2. 需求分析

（1）系统功能需求

本计算器需要根据用户指定的数字与运算符进行简单的加、减、乘、除运算。在运算并显示结果的同时，还需要显示用户按下的数字与运算符键，从而方便用户核对算式和结果。本计算器可在生活中应对普通的日常问题，并能够做到快速、正确、稳定地计算出结果。

（2）系统性能要求

本程序作为一个简单的计算器程序，响应并返回运算结果的时间不宜过长。因此，当用户输入数字与运算符后，得到结果的延时不得超过 1 秒。

3. 系统设计

设计按钮时应大量使用 lambda 表达式。数字按钮与算术表达式按钮使用相同的函数，只是传递的参数不一样，所使用的 lambda 表达式可以简化。

4. 程序代码

```
#sl21-1.py
```

```
from tkinter import *
def calculate():                                    #计算函数
    result=eval(equ.get())                          #获取输入公式
    equ.set(equ.get()+"=\n"+str(result))            #输入公式+回车换行+结果

def show(buttonString):
    content=equ.get()                               #获取公式变量，并拼接到 content 后面
    if content=="0":
        content=""
    equ.set(content+buttonString)

def backspace():
    equ.set(str(equ.get()[:-1]))                    # equ 变量-1

def clear():
    equ.set("0")

root=Tk()
root.title("简易计算器")

equ=StringVar()                                     #公共变量，记录公式
equ.set("0")

# textvariable：指定一个变量刷新 text 值，equ 的 set 属性改变，label 的 text 也会变化
label=Label(root,width=50,height=2,relief="raised",anchor=SE,textvariable=equ)
# columnspan：横跨 4 个按钮
label.grid(row=0,column=0,columnspan=4,padx=5,pady=5)

#第二行[0,1,2,3 列]
clearBtn=Button(root,text="C",fg="blue",width=10,command=clear).grid(row=1,column=0,pady=5)
Button(root,text="DEL",width=10,command=backspace).grid(row=1,column=1)
Button(root,text="%",width=10,command=lambda:show("%")).grid(row=1,column=2)
Button(root,text="/",width=10,command=lambda:show("/")).grid(row=1,column=3)

#第三行[0,1,2,3 列]
Button(root,text="7",width=10,command=lambda:show("7")).grid(row=2,column=0,pady=5)
Button(root,text="8",width=10,command=lambda:show("8")).grid(row=2,column=1)
Button(root,text="9",width=10,command=lambda:show("9")).grid(row=2,column=2)
Button(root,text="*",width=10,command=lambda:show("*")).grid(row=2,column=3)

#第四行[0,1,2,3 列]
Button(root,text="4",width=10,command=lambda:show("4")).grid(row=3,column=0,pady=5)
Button(root,text="5",width=10,command=lambda:show("5")).grid(row=3,column=1)
Button(root,text="6",width=10,command=lambda:show("6")).grid(row=3,column=2)
Button(root,text="-",width=10,command=lambda:show("-")).grid(row=3,column=3)

#第五行[0,1,2,3 列]
```

```
Button(root,text="1",width=10,command=lambda:show("1")).grid(row=4,column=0,pady=5)
Button(root,text="2",width=10,command=lambda:show("2")).grid(row=4,column=1)
Button(root,text="3",width=10,command=lambda:show("3")).grid(row=4,column=2)
Button(root,text="+",width=10,command=lambda:show("+")).grid(row=4,column=3)

#第六行[0,1,2,3 列]
Button(root,text="0",width=10,command=lambda:show("0")).grid(row=5,column=0,pady=5)
Button(root,text=".",width=10,command=lambda:show(".")).grid(row=5,column=1)
Button(root,text="//",width=10,command=lambda:show("//")).grid(row=5,column=2)
Button(root,text="=",width=10,bg="yellow",command=lambda:calculate()).grid(row=5,column=3)

mainloop()
```

5. 程序运行界面

程序运行界面如图 21-1 所示。

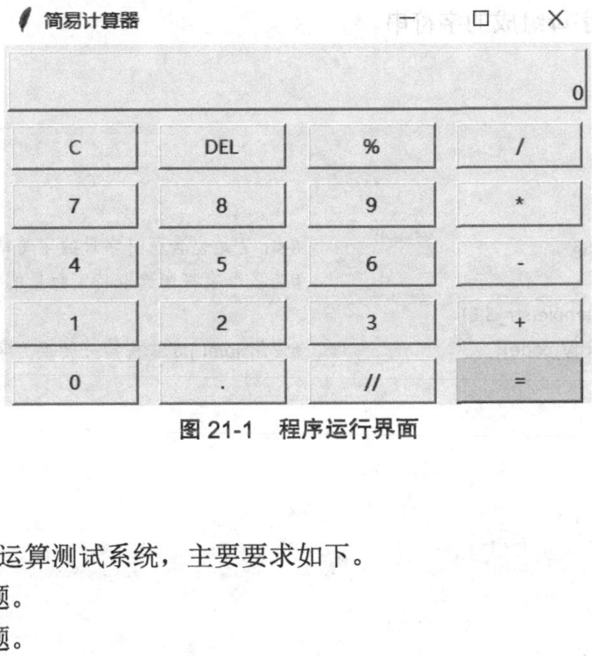

图 21-1　程序运行界面

6. 问题拓展

设计并实现四则运算测试系统，主要要求如下。

① 可以人工出题。

② 可以自动出题。

③ 可以判别正误，并统计正确率。

④ 设计用户界面。

实例 21-2　随机生成验证码

1. 题目描述

很多网址的注册登录业务都加入了验证码技术，可以区分是人还是计算机操作，有效地防止刷票、论坛灌水、恶意注册等行为，其生成方式也越来越复杂，常见的验证码是由大写字母、小写字母、数字组成的六位验证码。

本题目要求生成一个由六个字符组成的验证码，要求包括大写字母、小写字母、数字。

2. 题目分析

根据题目的要求，解决本题的关键是通过 random 库让字母与数字自由组合。

3. 算法设计

首先，导入 random 库，随机生成浮点数、整数、字符串。

```
import random,string
```

导入数字。

```
str_1 = "0123456789"
```

然后导入所有特定的字母。

```
str_2 = string.ascii_letters
```

随机生成数字和字母组成的字符串。

4. 程序代码

```
#sl21-2.py
import random,string
str_1 = "0123456789"
str_2 = string.ascii_letters                       #str_2 是包含所有字母的字符串
str_3 = str_1 + str_2                              #在多个字符中选取特定数量的字符
verify_code = random.sample(str_3,6)
verify_code = "".join(verify_code)                 #使用 join( )方法拼接并转换为字符串
print(verify_code)
```

5. 运行结果

输出样例如下。

```
Mk0L6Y
```

6. 思考与讨论

设计函数生成验证码的参考程序如下。

```
import random
def verifycode():
    code_list = ''                                 #每位验证码都有三种可能
    for i in range(6):                             #控制验证码的位数
        state = random.randint(1,3)
        if state == 1:
            first_kind = random.randint(65,90)     #大写字母
            random_uppercase = chr(first_kind)
            code_list = code_list + random_uppercase
        elif state == 2:
            second_kinds = random.randint(97,122)  #小写字母
```

```
                random_lowercase = chr(second_kinds)
                code_list = code_list + random_lowercase
            elif state == 3:
                third_kinds = random.randint(0,9)
                code_list = code_list + str(third_kinds)
        return code_list

if __name__ == '__main__':
    verifycode = verifycode()
    print(verifycode)
```

查看一些网站（如中国铁路 12306 网站），其验证码是如何设计的？在智能时代，金融业务处理系统的智能识别验证是如何进行的？

7. 问题拓展

应用系统的登录方式主要有账号登录、扫码登录等。账号登录方式需要输入用户名和密码，如图 21-2 所示，密码以加密方式进行传输，传统的加密方式有 DES 加密、RSA 加密等，后来研发出一些先进的加密方式，如量子加密等。

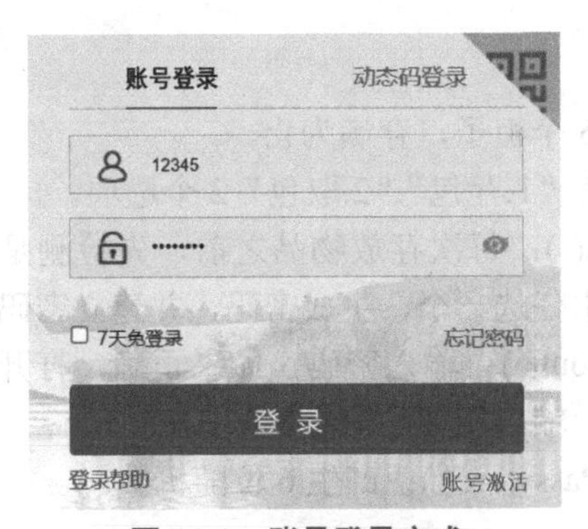

图 21-2　账号登录方式

请阅读相关资料，了解加密解密模块 hashlib 的加密算法，其中 hash( )函数用于获取一个对象（字符串、数值等）的哈希值。

以下实例展示了 hash( )函数的使用方法。

```
>>>hash(' test ')                    #字符串 2314058222102390712
>>>hash(1)                           #数字 1
>>>hash(str([ 1,2,3 ]))              #集合 1335416675971793195
>>>hash(str(sorted({ ' 1 ':1 })))    #字典 7666464346782421378
```

请扫描右侧二维码阅读二维码的生成方法。

拓展阅读：生成二维码

实验 21-3　超市寄存柜

1. 题目描述

超市或商场的自助寄存柜一般是条码式电子寄存柜。使用时，按下面板上的“存”按钮，柜子会输出一个条码纸，取走条码纸后，对应的柜门会自动打开，确认条码上对应的柜号，放入物品，关上柜门即可。

取物时，只需要将条码纸上的条形码靠近有红光的扫描口，柜子识别到密码后会直接打开对应的小门。

电子寄存柜有后台管理功能，如果由于错误操作导致不能取出物品，可联系工作人员，通过管理权限将物品取出。

本题要求编写程序实现超市寄存柜的模拟，系统功能主要包括存包和取包。

2. 题目分析

存放物品时，系统首先判断是否有空柜子，如果有空柜子，则从中选择一个，打开柜门，并生成一个密码，用户就可以把物品放入柜子；如果没有空柜子，则提示“对不起，已存满，谢谢使用！”。

取物品时，用户输入密码，系统根据密码判断是哪一个柜子，如果密码正确，打开柜门，提示“X 号柜门已打开，密码已失效，请取出物品，关好柜门！”如果密码错误，则提示“对不起，密码错误，请核对后再输入!”

3. 算法设计

模拟超市寄存柜，设置 5 个柜子，存满为止。

① 菜单函数 menu( )：有“1.存包”“2.取包”2 个选项。

② 存包函数 save_goods( )：每次存放物品之前，先检测是否有空柜子。如果没有，输出相应的信息；如果有，从中任选一个，生成密码，并建立密码和柜子的对应关系

③ 取包函数 get_goods_out( )：输入密码，如果正确，打开柜门，删除密码，更新柜子对应的状态；如果密码错误，输出相应的信息。

④ 生成密码函数 createPassword( )：产生 6 位随机数。

4. 程序代码

```
#sl21-3.py
import random
M=5                                          #柜子个数
status=[0 for i in range(M)]                 #0：空；1：使用
empty=[0,1,2,3,4]                            #记录当前时刻的空柜子
cabinet_password={}
def menu():
    print("1.存包")
    print("2.取包")
def createPassword():
    p=''
    for i in range(6):
        tmp=random.randint(0,9)
        p=p+str(tmp)
    return p
def save_goods():                            #判断有没有空柜子
```

```
        if len(empty)==0:                                    #如果没有，输出相应的信息
            print("对不起，已存满，谢谢使用！")
        else:                                                #如果有，从中任选一个柜子
            selected=random.choice(empty)
            status[selected]=1                               #对应状态置为 1
            empty.remove(selected)                           #更新 empty
            password=createPassword()
            cabinet_password[password]=selected              #建立 password 和 selected 的对应关系
            print(f"您的柜子为：{selected}号，密码为：{password}，请保存好您的密码纸")

def get_goods_out():
    password=input("你的密码：")
    if password in cabinet_password.keys():
        cabinet=cabinet_password[password]
        print(f"{cabinet}号柜门已打开，密码已失效，请取出物品，关好柜门！")
        del cabinet_password[password]                       #删除密码
        status[cabinet]=0                                    #更新柜子对应的状态为 0
        empty.append(cabinet)                                #更新 empty
    else:
        print("对不起，密码错误，请核对后再输入！")

while(True):
    menu()
    y_choice=input("欢迎光临。输入您的选择：")
    if y_choice=='1':
        save_goods()
    elif y_choice=='2':
        get_goods_out()
    else:
        print("输入错误")
```

5. 运行结果

```
1.存包
2.取包
欢迎光临。输入您的选择：1
您的柜子为：2 号，密码为：034340，请保存好您的密码纸
1.存包
2.取包
欢迎光临。输入您的选择：1
您的柜子为：0 号，密码为：939521，请保存好您的密码纸
1.存包
2.取包
欢迎光临。输入您的选择：1
您的柜子为：3 号，密码为：130878，请保存好您的密码纸
1.存包
2.取包
欢迎光临。输入您的选择：1
```

```
您的柜子为：1号，密码为：692897，请保存好您的密码纸
1.存包
2.取包
欢迎光临。输入您的选择：1
您的柜子为：4号，密码为：277613，请保存好您的密码纸
1.存包
2.取包
欢迎光临。输入您的选择：1
对不起，已存满，谢谢使用！
1.存包
2.取包
欢迎光临。输入您的选择：2
你的密码：130878
3号柜门已打开，密码已失效，请取出物品，关好柜门！
1.存包
2.取包
欢迎光临。输入您的选择：1
您的柜子为：3号，密码为：120195，请保存好您的密码纸
1.存包
2.取包
欢迎光临。输入您的选择：2
你的密码：034340
2号柜门已打开，密码已失效，请取出物品，关好柜门！
1.存包
2.取包
欢迎光临。输入您的选择：
```

6. 思考与讨论

采用“随机密码+位置码”的方式既能直接根据密码定位柜子的位置，又能避免随机生成的重复密码问题。

实例 21-4 彩虹瓶

1. 题目描述

假设彩虹瓶里要按顺序装 N 种颜色的小球（按顺序编号为 1～N）。工厂里有每种颜色的小球各一箱，工人需要一箱一箱地将小球从工厂搬到装填场地。如果搬来的小球正好是可以装填的颜色，就直接拆箱装填；如果不是，就把箱子先堆在一个临时货架上，堆的方法是一箱一箱堆上去。装填完一种颜色的小球后，先看货架顶端的一箱是不是下一个要装填的颜色，如果是就取下来装填，否则再搬一箱过来。

如果工厂发货的顺序比较好，工人就可以顺利地完成装填。例如要按顺序装填 7 种颜色的小球，工厂按照 7、6、1、3、2、5、4 的顺序发货，则工人先拿到 7、6 两种不能装填的颜色，将其按照 7 在下、6 在上的顺序堆在货架上；拿到 1 时可以直接装填；拿到 3 号箱时又得临时堆在 6 号箱上；拿到 2 号箱时可以直接装填；随后从货架上取下 3 号箱进行装填；然后拿到 5 号箱，将其临时堆在 6 号箱上；最后取 4 号箱直接装填；剩下的工作就是取下

5、6、7 号箱依次装填。

但如果工厂按照 3、1、5、4、2、6、7 的顺序发货，工人就必须“愤怒”地折腾货架了，因为装填完 2 号后，不把货架上的多个箱子搬下来就拿不到 3 号箱，就不可能顺利完成任务。

另外，货架的容量有限，如果堆积的货物超过容量，工人也没办法顺利完成任务。例如工厂按照 7、6、5、4、3、2、1 的顺序发货，如果货架够高，能放 6 只箱子，是可以顺利完工的；但如果货架只能放 5 只箱子，工人就又要“愤怒”了……

请编写程序，判断工厂的发货顺序能否让工人顺利完成任务。

首先在第一行中输入 3 个正整数，分别是小球的颜色数 N（$1<N\leqslant 103$）、临时货架的容量 M（$M<N$），以及需要判断的发货顺序的数量 K。

在随后的 K 行中，每行输入 N 个数字，对应工厂的发货顺序（用空格分隔）。

如果工人可以顺利完工，就在下一行中输出“YES”，否则输出“NO”。

2. 题目分析

题目的关键是明确货架上的箱子堆放规则与当前所需箱子的关系，根据剩余箱子的顺序判断是否能顺利完成任务。

3. 算法设计

分析题目，可以发现题目所给出的箱子有以下三种情况。

① 当前箱子恰好是目前所需的箱子。

② 当前箱子并非目前所需的箱子。

③ 货架最上方的箱子恰好是目前所需的箱子。

我们需要将发货的箱子进行遍历。为了便于遍历，我们将发货顺序保存在一个列表中。根据题意，在完成对发货列表的遍历前货架可能已经被堆满，所以在循环遍历中需要加上以下条件，即如果 lst 列表（代表当前货架的状态）的长度大于货架容量就结束循环。

```
if len(lst)>b:
    break
```

然后在循环中列出上述三种情况，我们仍需要定义几个变量来完成这三种情况的设定，分别是当前所需的箱子 need、当前遍历的发货列表下标 now（for 循环的变量 i 可以控制循环次数，不对应发货列表的下标，因为在列出的三种情况中并非所有情况都需要使 i 加 1，所以需要单独定义下标），以及用于确定需求是否发生变化（即上一个箱子或货架最上方的箱子是否是当前所需的箱子）的中间变量 temp。

① 新箱子恰好是所需的箱子，那么所需求的箱子就会变化，且发货列表的下标也会变化，need 和 now 需要分别加 1。

② 货架上仍有箱子且现在所需的箱子恰好是货架最上方的箱子，需求会变化且货架上的箱子会少一个，need 需要加 1，lst（货架列表）需要去掉最后一个值，即 lst.pop(-1)。

③ 对比之前的中间变量 temp 与 need，如果两者仍相等则表示需求没有变化，即发货列表的当前值不是所需的箱子，则 lst.append(lst1[now])，将当前正在遍历的发货列表中的箱子放上货架，并将发货列表的下标加 1，即 now 加 1。

执行完所有情况后，将箱子的逻辑顺序倒置并与需要的顺序进行对比，如果两组数据相同则表示可以完成任务，输出“YES”，反之则输出“NO”。

4. 程序代码

```
#sl21-4.py
a,b,c=map(int,input().split())
for i in range(c):
    lst=[]
    need=1
    now=0
    lst1=list(map(int,input().split()))
    for j in range(a):
        if len(lst)>b:
            break
        temp=need
        if need==lst1[now]:                  #新箱子恰好是所需的颜色
            need+=1                          #需求变化为下一个
            now+=1                           #将发货列表的下标加 1
        if len(lst)and need==lst[-1]:        #货架上仍有箱子且现在所需箱子恰好是货架最上面的箱子
            lst.pop(-1)                      #箱子堆减 1
            need+=1                          #需求变化为下一个
        if temp==need:
#需求没有变化，表示新箱子不是目前所需的箱子且货架最上面的箱子不是所需的箱子
            lst.append(lst1[now])            #箱子堆加 1
            now+=1                           #将发货列表的下标加 1
    if lst[::-1]==list(range(need,a+1)):     #将箱子的逻辑顺序倒置并与需要的顺序进行对比
        print('YES')
    else:
        print('NO')
```

5. 运行结果

输入样例如下。

```
7 5 3
7 6 1 3 2 5 4
3 1 5 4 2 6 7
7 6 5 4 3 2 1
```

输出样例如下。

```
YES
NO
NO
```

6. 思考与讨论

仔细观察后可以发现，循环体的循环次数实际上是未知数，所以在这种情况下，循环体

如果改用 while 语句则在逻辑上优于 for 循环，并且可以将判断循环的条件置于 while 指向的条件中，即判断所堆的箱子是否大于货架容量且目前的下标是否超出发货列表的长度。

```
a,b,c=map(int,input().split())
for i in range(c):
    lst=[]
    need=1
    now=0
    lst1=list(map(int,input().split()))
    while len(lst)<=b and now<a:
        temp=need
        if need==lst1[now]:
            need+=1
            now+=1
        if len(lst)and need==lst[-1]:
            lst.pop(-1)
            need+=1
        if temp==need:
            lst.append(lst1[now])
            now+=1
    if lst[::-1]==list(range(need,a+1)):
        print('YES')
    else:
        print('NO')
```

实验内容

1. 用 tkinter 库制作一个“贷款利息计数器”应用，实现可交互式界面，如图 21-3 所示。输入贷款金额、年化利率、贷款年限，计算月应付金额。

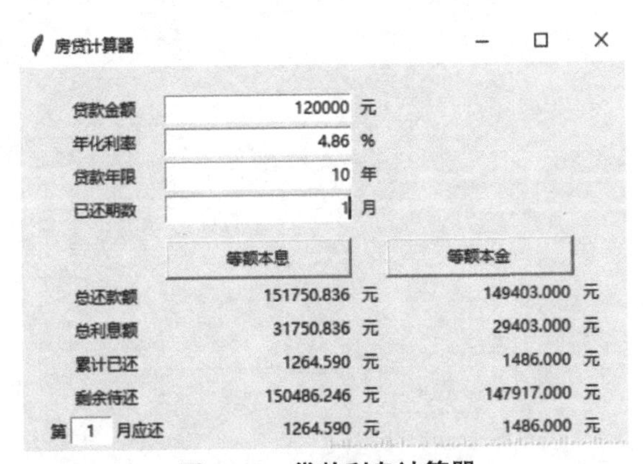

图 21-3 贷款利息计算器

2. 计算 24。在屏幕上输入 1～10 的 4 个整数（可以重复），对它们进行加、减、乘、除运算后（可以加括号），寻找计算结果等于 24 的表达式。

例如输入 4 个整数 4、5、6、7，可得到表达式 4×((5-6)+7)=24。这只是一个解，本题要求输出全部解，且表达式中的数字顺序不能改变。

3. 马踏棋盘。国际象棋的棋盘是 8×8 的方格棋盘。现将“马”放在任意指定的方格中，按照“马”走棋的规则移动“马”。要求每个方格只能进入一次，最终使“马”走遍棋盘的 64 个方格。要求用 1～64 标注“马”移动的路径，也就是按照行走路线将数字 1、2、…、64 依次填入棋盘的方格中并输出。

4. 八皇后问题求解。八皇后问题是一道有趣而经典的数学问题，问题可描述为：求解如何在一个 8×8 的棋盘上无冲突地摆放 8 个皇后棋子。在国际象棋里，皇后的移动方式是横竖交叉的，因此在皇后所在位置的水平、竖直以及 45 度斜线上都不能出现皇后的棋子。

5. 编写一个购物车程序，其主要功能是：通过一个循环程序，询问用户需要购买什么，用户选择一个商品编号，就把对应的商品添加到购物车中，最后用户输入“Q”或“q”退出程序，并输出购物车中的商品列表以及商品总金额。

6. 访问一些提供开放数据资源的网站，获取感兴趣的数据并进行分析。

实验 22　字符串应用

学习目标

解决非数值的问题时主要的操作对象是字符串。

本实验选取几个字符串应用和统计的编程实例。通过学习，使读者掌握字符串的使用方法，尤其是设计字符串程序，进而增强程序设计能力。

实例 22-1　变位词

1. 题目描述

如果一个字符串是另一个字符串的重新排列组合，那么这两个字符串互为变位词，例如 said 与 dais 互为变位词。

在第一行中输入第一个字符串，在第二行中输入第二个字符串。

输出“True”表示是变位词，输出“False”表示不是变位词。

2. 题目分析

根据变位词的定义，解决本题的关键是计算第一个字符串中各个字母出现的次数，然后计算第二个字符串中对应字母出现的次数，看相同字母的数量是否一致，若一致则符合条件的次数加 1，若符合条件的次数等于字符串长度，则这两个字符串互为变位词。

3. 程序代码

```
#sl22-1.py
a = input()
b = input()
count = 0                                    #符合条件的次数的初始值为 0
for i in range(len(a)):                      #从字符串的第一个字母开始循环，到字符串末尾结束
    if a.count(a[i])==b.count(a[i]):         #判断相同字母的数量是否一致
        count+=1                             #若一致，则符合条件的次数加 1
if count == len(a):                          #判断符合条件的次数是否与字符串长度相等
    print("True")
else:
    print("False")
```

4. 运行结果

输入样例如下。

```
said
dais
```

输出样例如下。

```
True
```

5. 思考与讨论

除了一个字母一个字母地比较，也可采用列表的方法，将字符串转变为列表，然后按照26个字母的顺序进行排序，再进行比较，代码如下。

```
def change(s1,s2):
    alist1=list(s1)                          #将两个字符串转换成两个列表
    alist2=list(s2)
    count=0
    alist1.sort()                            #对两个列表中的字母进行排序
    alist2.sort()
    match=True
    while count<len(s1)and match:            #对排序后的列表进行逐个字符比较
        if alist1[count]==alist2[count]:
            count+=1
        else:
            match=False
    return match
print(change(input(),input()))
```

6. 问题拓展

请看这则算术：ELEVEN+TWO=TWELVE+ONE（11+2=12+1），有没有发现特殊的地方？仔细看看，你会发现 ELEVEN+TWO 和 TWELVE+ONE 都是由三个 E 以及一个 L、V、N、T、W、O 组成的，很神奇吧！这种把某个词或句子的字母位置（顺序）加以改变所形成的新词叫作“Anagram”，词典把这个词翻译成“变位词”或“易位词”。

变位词可以扩展到变位短语（Phrase Anagram）、变位句子，如 garbage man 与 bag manager 互为变位短语，而 the eyes 与 they see、a shoplifter 与 has to pilfer、red tag sale 与 great deals 也互为变位短语，其中包含大小写、空格、标点符号等符号。请问如何修改程序才能判断是否两个短语互为变位短语？

实例 22-2 词频统计

1. 题目描述

输入一个英文句子，输出句中的每个单词的个数，单词之间用空格分隔。

2. 题目分析

统计每个单词出现的次数就是词频统计，字典是比较合适的数据类型，单词可以作为字典的键，单词出现的次数可以作为字典的值。

3. 算法设计

① 字典 words 中的键是单词，值是单词出现的次数，如果键不存在，则添加到字典中；如果键存在，则仅更新值，所以字典中的键不会重复。

② 次数统计可以用下面的语句。

```
count=sentenses.count(i)
words[i]=count
```

可等效为以下语句。

```
if i in words:
    words[i]+=1
else:
    words[i]=1
```

或等效为以下语句。

```
if i in words:
    words[i]=words.get(i,0)+1
```

4. 程序代码

```
#sl21-2.py
sentense=input("请输入一句英文：")
sentenses=sentense.split()                   #按照空格分离字符串，生成列表
words={}                                     #定义一个字典
for i in sentenses:                          #遍历列表
    if i==',' or i=='.' or i=='?' or i=='!':
        continue                             #当循环到符号时，跳出此次循环
    count=sentenses.count(i)                 #统计次数
    words[i]=count
for a in words:
    print(f'{a}:{words[a]}')                 #遍历输出字典
```

5. 运行结果

输入样例如下。

```
请输入一句英文：
Chinese people may not be that familiar with sports tourism but it is one of the fastest growing sectors of tourism, because an increasing number of people are showing interest in sports activities during tours even if sports is not the main objective of their travel.
```

输出样例如下。

```
Chinese：1
```

```
people：2
may：1
not：2
be：1
……（略）
```

6. 思考与讨论

① 输出单词时，按字母顺序对单词进行排序，代码如下。

```
freq = {}
print("请输入一句英文：")
line = input()
for word in line.split():
    freq[word] = freq.get(word,0)+1
    words = sorted(freq.keys())                    #按照键进行排序
for w in words:
    print("%s:%d" %(w,freq[w]))
```

② 题目修改为：统计一段英文文本中所有不同单词的个数，以及词频最大的前 10 个单词。

单词是由不超过 80 个字符组成的连续字符串，但长度超过 15 的单词只保留前 15 个字符。合法的字符是字母、数字、下画线，其他字符均认为是单词分隔符。

要求文本中至少有 10 个不同的单词，不区分英文大小写，例如认为“PAT”和“pat”是同一个单词。

对词典进行降序排序，随后按照词频递减的顺序输出前 10 个单词。

程序代码如下。

```
txt = input()                                  #输入一段英文文本，单词之间用空格分隔
txt = txt.lower()                              #全部转化为小写字母
for ch in '!"#$%&()*+,-./:;<=>?@[\\]^_‘{|}~':
    txt = txt.replace(ch," ")                  #将文本中的特殊字符替换为空格
words = txt.split()                            #得到一个单词列表
counts = {}                                    #词频字典
for word in words:
    counts[word] = counts.get(word,0)+ 1
items = list(counts.items())                   #将字典的键值对转换为列表
items.sort(key=lambda x:x[1],reverse=True)     #排序
for i in range(10):                            #输出前 10 个高频词
    word,count = items[i]
    print(f"{ word:<10}{ count:>5}")
```

7. 问题拓展

对于英文句子来说，单词之间有空格，所以可以直接使用 split( )函数将一个英文句子进行分词。对于中文句子来说，词语之间没有空格，需要先将句子切分成多个词。中文的分词可以借助第三方库来完成，如 jieba 库。

实例 22-3 加密和解密

1. 题目描述

在密码学中，恺撒密码（Caesar Cipher）是一种最简单且最广为人知的加密技术。它是一种替换加密的技术，明文中的所有字母都在字母表中向后（或向前）偏移一个固定数目后被替换成密文。例如，当偏移量是 3 时，所有字母 A 被替换成 D，B 被替换成 E，以此类推。这个加密方法是以罗马共和时期恺撒的名字命名的，当年恺撒曾用此方法与其将军们进行联系。

编写程序，输出一串字符，将其中的英文字母加密、解密，非英文字母不变。

2. 题目分析

“恺撒密码”是一种替代密码，它采用替换的方法将信息中的每个英文字符循环替换为字母表序列中该字符后面的第三个字符。把字符串中的每个英文字母加一个数字 k，变为其后面的第 k 个字母，其中 k 表示算法密钥，加密过程如图 22-1 所示。

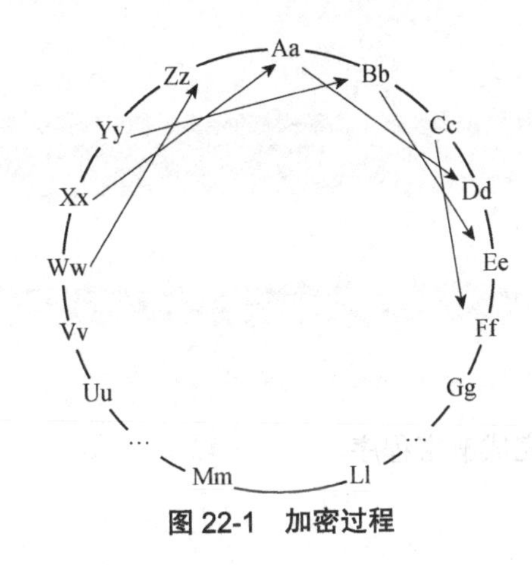

图 22-1 加密过程

3. 算法设计

（1）加密的算法设计

将每个字母用它后面的第 k 个字母代替。例如，k 为 3 时，A→D、a→d、B→E、b→e……当加 k 后的字母超过 Z 或 z 时，$c=c+k-26$。例如，“You are good”经上述方法加密后的字符为“Brx duh jrrg”。

（2）解密算法设计

解密是加密的逆过程，将每个字母减去常数 k，即 $c=c-k$。

例如，常数 k 为 3，这时 Z→W、z→w、Y→V、y→v……当减去 k 后的字母小于 A 或 a 时，$c=c-k+26$。

4. 程序代码

```
#定义加密函数，对字母进行加密，即向后移动 key 位，其他字符不加密
def cipher(befmessage,key):
```

```
        aftmessage = ''
        for char in befmessage:
            if char.isupper():                                    #对大写字母进行加密
                code = ord('A')+(ord(char)-ord('A')+key)% 26
                aftmessage = aftmessage+chr(code)
            elif char.islower():                                  #对小写字母进行加密
                code = ord('a')+(ord(char)- ord('a')+ key)% 26
                aftmessage = aftmessage+chr(code)
            else:
                aftmessage = aftmessage+char                      #字母以外的其他字符不进行加密
        return aftmessage

message = input('请输入明文：')
key = int(input('请输入密钥(整数)：'))                               #输入数字密钥
secret = cipher(message,key)
print('加密后的密文是：',secret)
```

5. 运行结果

输入样例如下。

```
请输入明文：Password123
请输入密钥(整数)：3
```

输出样例如下。

```
加密后的密文是：Sdvvzrug123
```

6. 思考与讨论

参照上面的加密程序，完成解密程序。

7. 问题拓展

字符串加密和解密有多种算法，下面介绍基于按位逻辑异或的简单加密算法和解密算法，算法原理如下。

给定明文字符（例如 A）和密钥字符（例如 P），其对应的 ASCII 编码进行按位逻辑异或运算的结果就是加密后的密文字符，密文字符的 ASCII 编码与密钥字符的 ASCII 编码为加密前的明文。

```
>>>ord('A')^ord('P')
17
>>>chr(17^ord('P'))
'A'
```

故基于按位逻辑异或的简单字符串加密算法和解密算法可以共用一个函数，其设计思路如下。

① 给定字符串 text（例如 Artificial intelligence will not replace humans.）和 key（例如 Python123），使用 itertools.cycle(key)构造一个循环字符串迭代器 keys。

② 循环处理 text 的每个字符，使用 keys 进行按位逻辑异或运算，结果就是加密后的密文（如果解密，结果就是解密后的明文）

程序代码如下。

```
from itertools import cycle
def crypt(text,key):
    result = []
    keys = cycle(key)
    for ch in text:
        result.append(chr(ord(ch)^ord(next(keys))))
    return ''.join(result)
#测试代码
if __name__=='__main__':
    message = 'Artificial intelligence will not replace humans,on the contrary.'
    key = 'Python123'
    print('加密前明文：{}'.format(message))
    encrypted = crypt(message,key)
    print('加密后密文：{}'.format(encrypted))
    decrypted = crypt(encrypted,key)
    print('解密后明文：{}'.format(decrypted))
```

字符串加密和解密的运行结果如图 22-2 所示。

```
加密前明文：Artificial intelligence will not replace humans.
加密后密文：□□□□ □R[R<Y□□□]^Z7□□
NF[_<Y□□□NCWC<□□O□D_R>
Z
解密后明文：Artificial intelligence will not replace humans.
```

图 22-2　字符串加密和解密的运行结果

常见的加密算法有 DES、AES、RSA 等。在 Python 中，可以调用 DES 模块的加密函数 encrypt( )、解密函数 decrypt( )进行明文加密、密文解密，调用代码如下。

```
from crypto.cipher import DES
```

可以调用 rsa 模块的加密函数 encrypt( )、解密函数 decrypt( )进行明文加密、密文解密，调用代码如下。

```
import rsa
```

拓展阅读

党的二十大首次将“推进国家安全体系和能力现代化，坚决维护国家安全和社会稳定”以专章形式写入大会报告，强调“国家安全是民族复兴的根基，社会稳定是国家强盛的前提。必须坚定不移贯彻总体国家安全观，把维护国家安全贯穿党和国家工作各方面全过程，确保国家安全和社会稳定”。从党和国家事业发展战略全局出发，党的二十大报告对推进国家安全体系和能力现代化作出了战略部署，为我们做好维护国家安全和社会稳定工作指明了前进方向、提供了根本遵循。

《中华人民共和国网络安全法》是为了保障网络安全，维护网络空间主权和国家安全、社会公共利益，保护公民、法人和其他组织的合法权益，促进经济社会信息化健康发展，制定的法规。国家支持企业和高等学校、职业学校等教育培训机构开展网络安全相关的教育与培训，采取多种方式培养网络安全人才，促进网络安全人才交流。

我国科学家在网络安全、信息加密等领域，从基础理论创新到完全自主可控的技术应用，都取得了重要成就，如量子加密技术。量子加密技术是指利用量子原理，进行密钥的生成、明文的混淆加密、密文的还原解密、密文的通信、反窃听等一系列加密技术。

实验内容

1. 使用 jieba 库进行《中华人民共和国 2022 年国民经济和社会发展统计公报》的词频统计分析。

2. 认真学习《习近平：高举中国特色社会主义伟大旗帜 为全面建设社会主义现代化国家而团结奋斗——在中国共产党第二十次全国代表大会上的报告》，统计词频，使用 wordcloud 库制作词云，分析热点词。

3. 编写程序，统计一个 Python 源程序文件中“Python”的个数。

4. 编写一个程序，用户输入密码，密码长度必须大于等于 8 位。如果密码长度大于 10 位且有数字、大写字母、小写字母、其他符号中的一种，可以加 1 分，总计 5 分。1～5 分依次对应的密码安全等级为弱、较弱、中、较强、强。用数字和星号（*）个数输出密码等级。

参考文献

[1] 嵩天，礼欣，黄天羽. Python 语言程序设计基础[M]. 2 版. 北京：高等教育出版社，2017.

[2] 马杨珲，张银南. Python 程序设计[M]. 北京：电子工业出版社，2020.

[3] 陈春晖，翁恺，季江民. Python 程序设计[M]. 杭州：浙江大学出版社 2017.

[4] 董付国. Python 程序设计基础与应用[M]. 北京：机械工业出版社，2020.

[5] 王书芹，王霞，郭小荟，等. Python 程序设计实验实训（微课视频版）[M]. 北京：清华大学出版社，2022.

[6] 黄龙军. 程序设计竞赛入门（Python 版）[M]. 北京：清华大学出版社，2021.